多肉植物を楽しむ

よくわかる選び方・育て方

樋口美和：著
匠園芸：植物監修

池田書店

はじめに

皆さんは「多肉植物」と聞いて、どんな植物を思い浮かべますか？　ぷっくりとした肉厚の葉、とげのあるサボテン、かっこいいボディラインのコーデックス（塊根植物）……。

最近、街のあちらこちらでいろいろなタイプの多肉植物を見かけるようになりました。秋から冬にかけて、赤やピンク、黄色に見事に紅葉する多肉植物の季節の変化も注目されています。野生的な姿形が魅力のコーデックスやユーフォルビアなどの人気も確実に上昇中です。

本書の第1章では、そんな多肉植物の管理や育て方について、ポイントを押さえてわかりやすく解説しています。

第2章は、今すぐ始められる、多肉植物の寄せ植えの方法やコツを載せています。基本の寄せ植え方法とともに紹介している11種類のアレンジレシピは、小さな鉢といくつかの多肉植物でつくれるもの、たくさん種類を使って華やかに飾る寄せ植え、かわいいサイズの鉢に小さな

多肉植物を合わせるちまちま寄せ、それとは趣向を変えたかっこいい寄せ植えなど盛りだくさんです。もしこの中で、やってみたい寄せ植えを見つけたら、ぜひトライしてみてください。

そして、第3章では園芸店やホームセンターなどでよく見かける多肉植物を、カタログとして紹介しています。多肉植物の個性豊かな色や形をとことん楽しんでいただき、またご購入の際の手助けとしていただけたら幸いです。

多肉植物に合わせたサイズやさまざまな形の鉢やハンドメイド作家の作品もたくさん出回るようになり、園芸店をはじめネット販売や地域のイベント、ホームセンターなどで入手することができます。お気に入りの作家の作品を見つけて揃えていくのも、とても楽しい時間です。

この1冊を通して、多肉植物を身近に感じていただき、実際に育てたり飾ったりして、お気に入りの多肉植物と過ごす生活をスタートしていただければ、こんな嬉しいことはありません。一緒に多肉植物ライフを楽しみましょう。

樋口美和（ｍｉｉｗａ）

miiwa流

多肉植物ライフの楽しみ方

多肉植物とその寄せ植えがとにかく好きです。我が家の多肉植物棚を中心に、
多肉植物とのおつき合いのヒントを紹介します。

仕事用の多肉植物は別の場所で管理していますが、私物の寄せ植えや鉢植えは自宅の限られた場所にほぼ一括して置き、癒しの空間をつくっています。どうしたらたくさんの寄せ植えを長く状態よく、手入れも楽に飾れるのか考えて行き着いた配置です。

① 棚はなるべく軒下に入るよう壁際に置き、突風や台風のときにも避難させなくていいように鉢をギュッと密に寄せています。棚の右から壁沿いに吹く風が蒸れを防いでくれています。

② いちばん上の棚の鉢は、両手で抱えるほどの大きさ。棚が倒れないための重しの役割もあります。3年間、一度もおろさず管理しています。

③ 奥には背の高い寄せ植えを、手前には背の低い寄せ植えを置いて高低差を出し、日当たりや風通しを確保しています。1年を通してあまり移動しなくてもよい配置です。

④ メインの棚の横にL字形になるよう、もう1台の棚を置いています。強い風が当たらないので、軒下のこの場所でアエオニウムも越冬できます。

少しずつ
完成させるのも、
楽しみのひとつ。

横幅90㎝の幅広の木製プランター。寄せ植えの余りや鉢に入れっぱなしになっていた多肉植物を植えています。

窓枠にもハンギング。限られた置き場では、ハンギングにすることでよりたくさん飾れます。

仕事場では、置き場や水やり方法などの試行錯誤を繰り返して、寄せ植えに向いた多肉植物になるように管理しています。

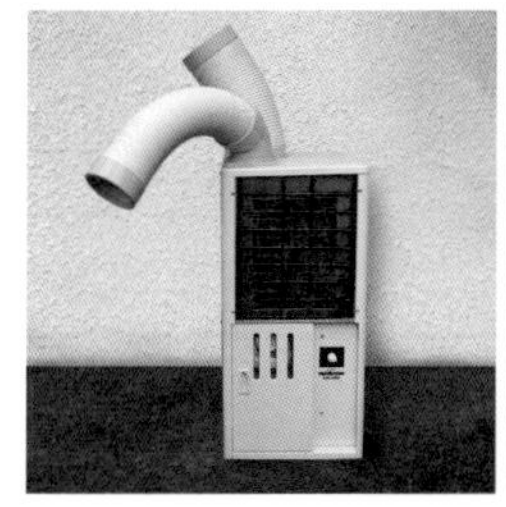

四季を通して、長時間屋外で作業しています。夏には屋外エアコンが、冬にはカセットガスストーブが欠かせません。虫よけスプレーも必須です。

火祭りの地植え。関東地方以西では
地植えでも育ちます。

自宅の植え込みの一角にセダムなどを地植えしています。モルタル製の家のミニチュアや割れ鉢を置き、童話のような景色をイメージしています。ポイントは、どんな多肉植物が自分の庭で育つか実際に試してみること。屋根のない環境なので、雨が降らなかった週に水やりをする程度の簡単な管理で維持できます。

目次

第2章 多肉植物の寄せ植えの基本と応用

第3章 多肉植物カタログ

第1章

多肉植物を楽しむための管理ポイント

3つの生育型と栽培ポイント

多肉植物は原産地の環境から、大きく3つの生育型に分けられます。日本でも四季折々、素敵な色や姿に育つ様子を楽しめます。

生育型を知って上手に管理

多肉植物には、元気に育つ「生育期」と生長が緩む「休眠期」があります。この生育パターンは、多肉植物がもともと育っていた国や地域の気候によって異なります。日本では、生育の特徴ごとに「春秋型」「夏型」「冬型」の3つの生育型に分けるのが一般的ですが、同じ生育型に分類されていても、実際の生長は種類や環境によって変わってくるので、それぞれの特徴を知っておくことが大切です。

miiwa's advice

生育型を知っておくと管理が楽

生育期や休眠期、あるいは生育緩慢期の置き場にどういう場所が向いているかがわかると、管理が楽になります。お手持ちの多肉植物の生育型がわかったら、おうち周りをチェックしてみるといいですね。

流通する多肉植物で圧倒的に多いのは春秋型です。

＊春秋型

例：ブリドニス（エケベリア属）

- 生育適温　10～30℃
- 春と秋によく生長し、冬の生育は鈍い。
- 夏は種により差はあるが、ある程度生育する。
- 寄せ植えに使う多くの多肉植物が、この型に属している。

＊夏型

例：蘇鉄麒麟（そてつきりん）（ユーフォルビア属）

- 生育適温　25～35℃
- 夏が生育期だが、猛暑時は暑さ対策を忘れずに。
- 春秋の生育は緩慢で、冬は休眠する。
- この型は寄せ植えにはあまり用いない。

＊冬型

例：黒法師（くろほうし）（アエオニウム属）

- 生育適温　5～20℃
- 冬が生長期とされるが、実際には春秋型に近く、厳寒期には防寒対策が必要。
- 春と秋も生育するが、挿し木などは早めに行う。
- 夏に休眠する。

3つの生育型別栽培カレンダー

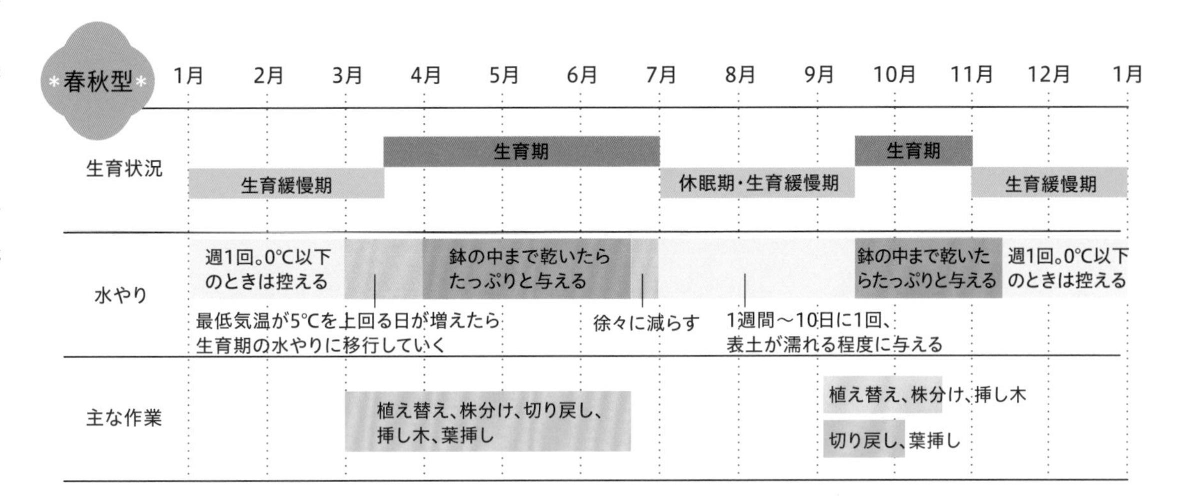

春秋型
1月 2月 3月 4月 5月 6月 7月 8月 9月 10月 11月 12月 1月
生育状況
生育緩慢期
生育期
休眠期・生育緩慢期
生育期
生育緩慢期
水やり
週1回。0℃以下のときは控える
鉢の中まで乾いたらたっぷりと与える
鉢の中まで乾いたらたっぷりと与える
週1回。0℃以下のときは控える
最低気温が5℃を上回る日が増えたら生育期の水やりに移行していく
徐々に減らす
1週間〜10日に1回、表土が濡れる程度に与える
主な作業
植え替え、株分け、切り戻し、挿し木、葉挿し
植え替え、株分け、挿し木
切り戻し、葉挿し

夏型

1月 2月 3月 4月 5月 6月 7月 8月 9月 10月 11月 12月 1月

生育状況
休眠期
生育緩慢期
生育期
生育緩慢期
休眠期

水やり
断水
徐々に増やす
鉢の中が乾いたらたっぷりと与える
徐々に減らす
断水

主な作業
植え替え、株分け、切り戻し、挿し木、葉挿し

冬型

1月 2月 3月 4月 5月 6月 7月 8月 9月 10月 11月 12月 1月

生育状況
生育緩慢期
生育期
生育緩慢期
休眠期
生育緩慢期
生育期

水やり
鉢の中が乾いたらたっぷりと与える
徐々に減らす
2週間に1回程度、表土が濡れるくらいに与える
徐々に増やす
鉢の中が乾いたらたっぷりと与える

主な作業
植え替え、株分け、切り戻し、挿し木、葉挿し
植え替え、株分け、切り戻し、挿し木、葉挿し

・関東地方以西を基準にしています。
・種類や環境によって生育期に幅があります。

よい株の選び方

「どこで」「いつ」「どれを」をキーワードに、ポイントを押さえてよい株を選びましょう。栽培が成功しやすくなりますよ。

多肉植物はどこで買う？

多肉植物は、人気の高まりとともに、園芸店やホームセンターなどのほか、百円ショップでも見かけるようになりました。ネット通販も増えており、なかなかお店では出合えないような品種も購入できるようになってきました。ネット購入の際は、詳しい人に尋ねるなどして信頼できるサイトから購入すると安心です。

購入の時期も大切

生育期になると、多肉植物本来の形や健康状態がはっきりとわかり、よい株を見分けやすくなります。晩秋から春にかけては、たくさんの多肉植物が販売店に出回り、カラフルに色づいた様子から紅葉色がよくわかります。

梅雨から夏にかけて休眠期のタイプも多いので、購入後の管理のためにも、求める品種が決まっているときは、事前に生育型を確認しておくと、購入時期を判断するポイントのひとつになります。

購入時期の目安

［春秋型］　初秋から翌年の初夏までを中心に通年
［夏　型］　春から初秋
［冬　型］　初秋から翌年の梅雨入り前

オンリーワンを見つける楽しい時間

お店に並ぶ多肉植物の中から、じっくりとお気に入りを選ぶのも楽しい時間です。

ビギナーの方は、園芸店やホームセンターなど、たくさんの多肉植物が置かれている中から選んで購入すると安心です。地域によっては、多肉植物専門の栽培農家が店舗を兼ねた大きなビニールハウスで多くの株を生育していることがあります。ふと立ち寄ったお花屋さんでも、お店こだわりの多肉植物との素敵な出合いがあるかもしれません。

カット苗とは　COLUMN

根のついている部分を切り落としたものが、「カット苗」として販売店やネット通販で売られています。寄せ植え用としてセット販売されていることも多いようです。実物を確認できるときは、葉や茎に張りがあって美しくフレッシュなものを選びましょう。育て方は、挿し木（→ P.30）と同じです。

よい株を選ぶためのチェックポイント

しっかり健康な株を選ぶと、植え替えても勢いがあるので
管理生育が楽なうえ、寄せ植えにもすぐに使えます。
また、販売店では屋内に長く置かれていないか、
風通しは十分かなど、管理の様子もチェックしましょう。
葉や茎をよく見て、病虫害の疑いがないか確認することも大切です。
なお、下葉の多少の枯れなどは問題ありません。

**大切なのは
自分が気に入った
株を買うこと！**

point 1
葉の変色がなく、
虫がついていないもの。

point 2
葉の色ツヤがよく、
美しく張りがあるもの。

point 3
葉と葉の間が
詰まって、間延びして
いないもの。

point 4
株がしっかり締まって
いるもの。下葉の多
少の枯れは問題ない。

point 5
グラグラせず
根張りのよいもの。

miiwa's advice

多肉植物本来の姿を知る

多肉植物を選ぶ際、その種類本来の美しい姿を知っておくことが大切。どんな株がよいかを意識しつつ、ネットや図鑑の写真あるいは店頭で何度も見ているうちに、少しずつ選ぶべき株の姿がわかってきます。

避けたほうがよい株を見極めましょう

- 葉と葉の間隔が空いてヒョロヒョロしているもの。
- 全体に張りがなく、シナシナしたりグラグラしている。
- 葉の変色、虫のフンや白い小さな斑点（はんてん）などが見られるものは病虫害の恐れがある。

多肉植物が喜ぶ生育環境

種類によって管理方法はさまざまですが、屋外で育てることが多い多肉植物にとって、日射しと適度な水やり、そして何よりも風が大切です。

「光」と「水」、そして「風」が大切

関東地方以西の平地では、冬場に霜よけをするなどの工夫をすれば、年間を通して多肉植物は屋外で生育できます。

日当たりと水やりはもちろん大切ですが、風通しのよい場所に置くことが非常に重要です。扇風機などを活用する際は、鉢の周りの風の流れを意識して、それに合わせるように調整します。

また、多肉植物は体内に水をたくさん蓄えているので、ほかの植物のように頻繁に水をあげる必要はありません（↓P.20）。

肥料もあまり必要なく、冬にきれいに紅葉させたい場合は、秋以降は肥料を控えるとよいでしょう（↓P.25）。

雨ざらしにせず、上手に光と風を取り入れている例。

形よく美しく育てる

自分が目指す理想の形をイメージしましょう。紅葉する品種もあるので、それぞれの特徴も意識して育てるとよいでしょう。多肉植物の性質に合った環境を整えてあげると、形もしっかりして美しい姿を楽しめます。

木立ちするタイプ

まっすぐ伸びた茎の周りに葉や枝をつけます。生長すると下から木化します。群生し、枝分かれし、木のように繁るものもあります。

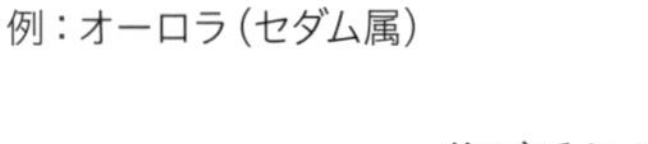

例：オーロラ（セダム属）

ロゼット状のタイプ

葉がいく重にも重なりバラの花のような姿をロゼットといいます。エケベリアが代表格。秋から翌年の春にかけて紅葉します。

例：桃太郎（エケベリア属）

茎が垂れるタイプ

鉢の外へ茎や葉を出し長く伸びるので、鉢の周りに巻きついたり垂れたりします。仕立て方により、変化のある姿が楽しめます。

例：グリーンネックレス（セネシオ属）

ふっくらタイプ

日によく当てて、ふっくらした姿に育てます。丸型のサボテンやユーフォルビア属の峨眉山（がびさん）などが代表です。

例：ピコ（サボテン科）

生育型別注意ポイント

＊春秋型

例：レッドベリー（セダム属）

春 3月中旬に気温が上がってきたら、寒さよけをはずし、風通しと日当たりがよい環境に戻しましょう。寒の戻りには注意が必要です。

長雨の時期は、雨水を避け、蒸れないようにします。6～8月は、遮光ネットなどで直射日光をできるだけ避けてあげると安心です。

9月下旬～10月に、冬越しの準備をします。最低気温が10℃を下回ってきたら、冬の管理に移行します。

寒さに強い種類でも、霜が当たらないようにし、低温で凍らせないように注意が必要です。最低気温が5℃以下になったら、特に寒さに気をつけましょう。寒さに弱いものは室内に移動します。

＊夏型

例：ビスピノーサム
（コーデックス属）

春 4月になり暖かくなり始めたら、室内管理のものは外の棚に戻しましょう。5月くらいまで、夜間の急な寒さに気をつけましょう。

7～9月の気温が高い間は、直射日光に気をつけて、西日が当たりすぎない風通しのよい場所に置きましょう。

9月中旬を過ぎ、気温が下がり始めたら日光の当たる場所に置きます。秋が深まり、最低気温が10℃を下回ってきたら、断水を始め11月を過ぎる頃から室内で管理します。

3月頃までは断水し、日当たりがよい室内で管理します。

＊冬型

例：メデューサ（アエオニウム属）

春 5月の連休が過ぎたら様子をよく観察し、休眠期に備え、風通しがよく雨の当たらない明るい日陰に移動します。

夏場は休眠期に入るので、2週間に1回程度さっと水やりをして日陰や室内で管理します。定期的に様子をチェックすることも大切。

暑さが和らぎ、芽が出始めたら徐々に日光の当たる場所へ移動します。10月中は、屋外の日当たりがよく風が通る場所に置きます。10℃以下になったら、軒下に移動しましょう。

11月に入り気温が下がり始めたら、霜や寒気を避け日当たりのよい場所に置きます。冬型とはいえ霜は苦手なので、ほかの多肉植物同様の管理をします。

miiwa's advice

室内向けの多肉植物選び

部屋の小さなくぼみスペースやトイレの棚などは光量が十分でなく風通しが悪いことがほとんど。このような場所では、サボテンやハオルチアなど比較的適応しやすい種類を選び、植物育成ライト（→P.19）を試すのも一案です。

季節に合わせた対策

ほかの植物に比べ、葉や茎に水分を多く含む多肉植物。日本の高温多湿な気候や四季の変化に合わせた対策を考えて、上手に乗り切りましょう。

多肉植物にはハードな日本の気候

日本の気候は、温暖化の影響もあり高温多湿の傾向が年々強くなってきています。場所や標高にもよりますが、関東地方以西では、多くの多肉植物が屋外で越冬できるようになってきました。

天候の変化も大きく、以前より長雨や強風の影響も考える必要が出てきています。また、猛暑日も増え、真夏になると多肉植物が驚くほど熱くなっていることがあります。植物は、自身では暑さ寒さから逃げられません。適切な対策をしてあげましょう。

寒波のときは、不織布で棚ごとおおってもよいでしょう。風で不織布がめくれないようにピンチやホッチキスなどで留める方法もあります。

長雨と強風対策

●台風などの強風を避ける

屋内や車庫などに移動します。できない場合は、鉢を壁沿いに寄せ集め、土の入ったプランターなどで押さえます。棚の鉢はなるべく下に移動し、棚の転倒防止も考えます。

●長雨が続く時期

軒下などなるべく雨が当たらない場所に置きます。梅雨時期は蒸れ防止のため通気にも特に配慮します。梅雨明け後の急激な温度上昇で枯れることもあるので要注意。

冬越し対策

●簡易ビニールハウス

気軽に購入でき、組み立ても簡単。寒波や雪よけに特に有効です。ただし、日中閉め切っておくと、内部が40℃以上になる場合があるので要注意。放射冷却による、内部気温の低下にも気をつけます。

●置き場所の移動

冬越しでは、凍結と霜よけ対策が最も重要です。冷気や急な雪から守るため軒下や壁側に移動し、下からの冷気も避けて棚などに置きます。特に低温に弱い種は最低気温が10℃を、それ以外は0℃を下回るようになったら室内移動か防寒対策をしましょう。

夏越し対策

●高温対策

遮光ネット（→P.19）などで直射日光を遮ります。鉢は地面に接しないよう台の上などに置き、風通しのよい配置にします。冬型や水切れしやすいセダムなどは朝だけ日光が当たる東側への移動もおすすめです。

●水やりの注意点

風のある日の夕方以降がベスト。多肉植物そのものの温度を下げ、翌朝、多肉植物の周りが乾くイメージで、水量や回数を調整します。週間天気予報は気温や降水の有無を確認でき、水やりのタイミングを判断するのに役立ちます。

寒冷地での冬対策 COLUMN

寒冷地の冬は最高気温が日中でも5℃以下であることが多く、夜間は氷点下の日が続きます。温室では、2℃を下回らないように管理しますが、温室での温度・湿度管理が難しい場合は、水やりを控え暖房のない室内に取り込むか、発泡スチロールの箱などに入れます。

miiwa's advice

休眠期に枯れてしまった？

休眠期になると姿が変わる多肉植物もあります。わかりやすいのはアエオニウム。葉が閉じたり一部落葉したりします。コーデックスの仲間の亀甲竜などは、夏場に地上部の葉が枯れるため、夏型の多肉植物の中に置かれていると、「枯れたのでは？」と心配になることもあります。季節に適応した姿なので、驚かないでくださいね。

自宅周りを見てみましょう

鉢が増えて棚が1つでは足りなくなってくると、
限られた生育スペースでの置き場所問題が発生します。
家の周りを見て、多肉植物に向きそうな場所を探してみるといいですよ。

●軒下、ベランダ

軒下や、屋根があるベランダに鉢台や棚を配置すると、手軽に快適な空間がつくり出せます。30～40㎝くらいのわずかな軒でも、真上からの多量の雨水を防ぐので意外と効果があります。できるだけ鉢を地面に直接置かないことも大切です。

●オーニング

オーニングとは、英語で「日よけ」「雨おおい」といった意味で、屋外に設置して日射しなどを調整するシートやシェードなどの総称です。オーニング用のシートを家の外壁やベランダの手すりなどに取りつけて、手軽に日よけがつくれます。しっかりとした可動式タイプは、設置に費用がかかりますが、使い勝手もよく快適な空間がつくれます。

●棚、ガーデンラック

既製品のほか、ネット通販などで個性豊かな手づくり棚が販売されています。DIYで自分仕様の作品を製作したり、リサイクル品をリメイクしてもよいでしょう。波板やベニヤ板で屋根をつけるときは、既存の棚に穴を空けワイヤーで固定するなど工夫します。このとき、屋根で日射しを遮りすぎたり、大風の抵抗で倒れたりしないように設置しましょう。

便利グッズ

多肉植物の生育環境を管理していくときの手助けとなる
便利なグッズを紹介します。

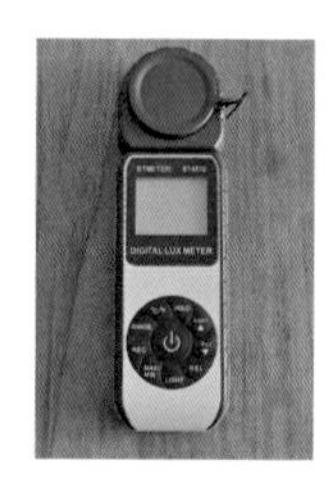

●ルクス計

光が大切とされる多肉植物ですが、強すぎる日射しも禁物。季節変化に伴う管理の目安に役立ちます。なお、多肉植物の種類によって適切な光量はさまざまです。

●最高最低気温温度計

1日24時間など、一定時間内の最高温度と最低温度を記録表示できる温度計。目盛り式とデジタル式があり、デジタル式は1日の温度変化をグラフで確認できるタイプもあり、気候対策に有効です。

●植物育成ライト

太陽光代わりに、室内で植物の光合成を促し生育をサポートします。植物の生育に適した青色や赤色に加え、自然な色の商品も販売されており、インテリアとしても人気です。高い光量で発熱しにくいLEDがおすすめ。タイマーつきも便利です。

●遮光カーテン、遮光ネット

遮光のほか遮温効果もあります。時期にもよりますが、遮光率が20〜30%くらいから始めて様子を見ましょう。遮光率が高いと、夏でも徒長(→P.36)することがあります。暑い時期は、遮光率が低めのものを2枚重ねづけするとよいでしょう。小さい面積なら切って重ねて使うと経済的です。色は白色、銀色、黒色があります。黒色のものは熱くなりやすいので、多肉植物と距離が近くなる場合は気をつけましょう。

●扇風機、サーキュレーター

屋外の棚に扇風機を設置することもあります。夏の猛暑や湿度が気になる時期、多肉植物が濡れてしまったとき、室内避難時に空気の流れをつくりたいときなどに活躍します。

水やりの基本

日常の心配ごとのトップは水やりではないでしょうか。草花とは水の欲しがり方が違うので、多肉植物の特性を理解することから始めましょう。

水やりの大切な役割

水やりは、植物への水分補給のほか、次のような大切な役割があります。

水やりの役割

- 鉢の中に酸素を通し、根のための鉢土の環境を整える
- 十分に水をあげることで、老廃物や害虫などを流し出す
- 土の中の栄養分を根に届ける

なお、基本的に多肉植物は鉢皿を用いませんが、使用する場合は鉢皿に水をためないようにします。放置しておくと、水分が抜けず根腐れや病気の原因になります。

水やりは植物との対話の時間

多肉植物は、自分の体の中に水を蓄え、乾燥した土を好みます。これは原産地の環境が乾燥して痩せた土地であったことからです。1週間に何回も水やりする必要はありませんが、過度な乾燥状態を続けると、生長を阻んだり枯れる原因にもなります。

水やりは植物と向き合う時間。元気な様子や変化を観察する中で、新しい発見をする楽しみと癒しをもらい、さらに仲よくなりましょう。

生育期と水やり

季節によって水やりの量や頻度が違うので、生育型ごとにある程度集めて置いておくと、水やりが楽です。生育期でも水やりの回数を控えめにしたほうがよい種があるなど、植物によって違いがあるので、あらかじめ確認しましょう(→ P.11)。

休眠期

休眠期がきたら、半日陰など過ごしやすい場所に移動します。断水する種類もあります。ゆるやかに水を吸うものは、様子を見て表土が湿る程度にさらっと水やりします。

生育緩慢期

季節の変わり目は、生育期の頃に比べ、徐々に水やりの回数を半分くらいに減らしていきます。生育型が混在している場合は、さらっと水をかけます。

生育期

多肉植物の種類によりますが、生育期には1週間に1回、鉢底から水が抜けるようにたっぷりあげることから始めるとよいでしょう。多肉植物の内部にしっかり水分が蓄えられ、根に空気や必要な栄養分が届くように丁寧にあげるようにします。

水やりのポイント

種類や置き場所、気候などの条件によって、
水やりのポイントは異なります。
植物の様子を見ながら、回数や水量を調整しましょう。

土の様子を観察して、水やり頻度も考えて

土は種類によって、水はけがよく保水力が高かったりします。どんな土を使っているかによって、水やりの頻度が違ってきます。多肉植物の状態とともに、土の配合も観察してください（→P.24）。
また、置き場所や、鉢の種類（→P.23）によっても、土の乾き具合は変わります。まず最初は、1週間に1回水やりをすることから始めて、1か月ほど様子を見ます。土が乾きすぎるようなら4～5日に1回、湿り気が残っているようなら10日に1回など水やりの間隔を調整します。

水の量や勢いにも気をつけて！

茎や葉を傷めないように、やさしい水流で水やりをしましょう。水の勢いが強いと、鉢から土が流れ出てしまいます。棚で管理をしている場合、下の段の鉢にほかの鉢の土などがかかると、病気の発生につながることもあります。汚れてしまった場合は、やさしい水流で土を取り除いてください。

水やりの時間帯を季節によって変えるのもおすすめ

暖かい季節は、多肉植物がよく水を吸い上げる夕方以降の水やりがおすすめです。
特に暑い夏の時期は、日中の強い日射しと葉や生長点の近くに残った水分の影響で、葉焼けや蒸れによる腐敗の原因になるので、午前中は避けたほうがよいでしょう。
冬場の気温が低い時期は、水分の多い多肉植物が夜間に凍結するのを防ぐため、日中暖かい時間帯の水やりをおすすめします。

天候の変化もこまめにチェック

週間天気予報で、天候や風速などを確認して水やりの参考にしましょう。盛夏や梅雨時などは特に大切です。晴天が続くときは土も乾きやすいので、確認しながら水やりの回数を増やすことを考え、雨天続きのときは、水やりは控えめにします。

重さで知る水やりのタイミング

COLUMN

水やりのタイミングがわからないときは、水をたっぷり与えたのち、鉢を持ち上げて重さを確認します。1週間後に、もう一度鉢を持ってみると軽くなっていることが感じられます。この感覚を覚えておくと、持ち上げただけで水やりのタイミングがつかめるようになります。
天候や土の保水力などの条件が変わり、基本どおりにいかない場合も、ときどき鉢を持ち上げて重さを確認しておくと、次の水やりの指標になります。

お手入れ道具と鉢

多肉植物の栽培管理に必要な道具は、園芸店やホームセンター、百円ショップで入手できます。鉢は種類によって管理方法が変わるのでいろいろ試してみましょう。

基本の道具

サイズが小さい多肉植物やトゲがあるサボテンを扱うため、
多肉植物ならではの便利道具もあります。

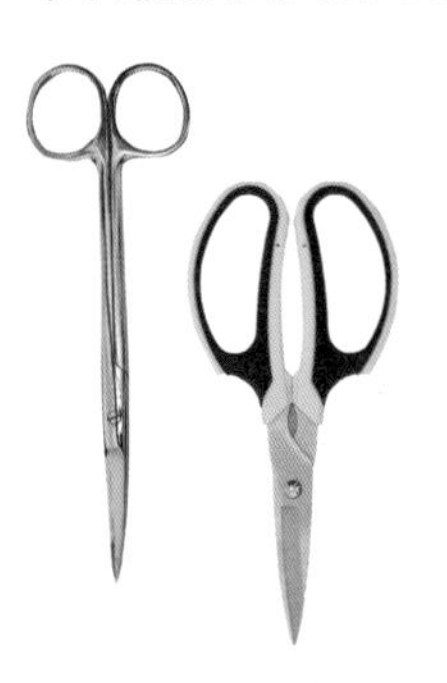

●ハサミ

葉や茎などを切るときに使います。花バサミや工作バサミを使い分けます。使用後は洗ってアルコールなどで消毒し、よく乾かして清潔に保ちます。

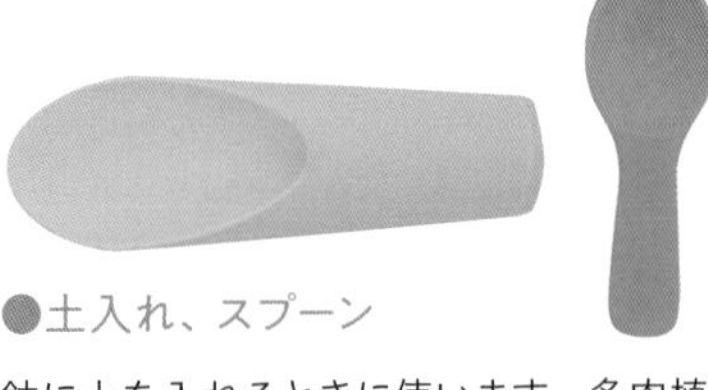

●土入れ、スプーン

鉢に土を入れるときに使います。多肉植物は小さい鉢をよく使うので、そのための細い土入れもあります。スプーンも便利です。

●ラベル

品種名や生育型などの情報を書いておくと便利。札がないとあとから名前が確定できず、管理が難しくなることもあります。

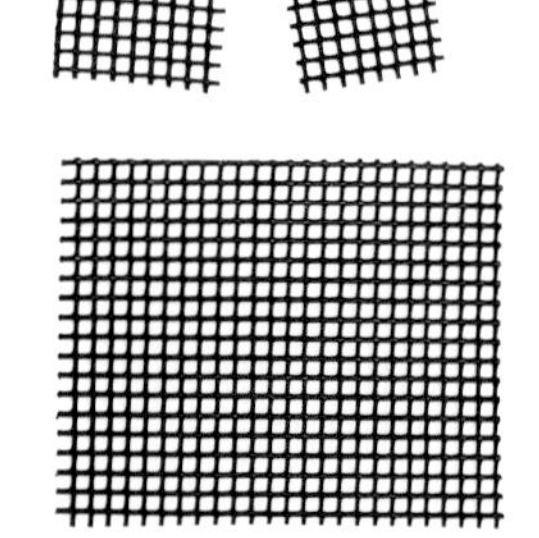

●鉢底ネット

鉢底から土がこぼれないようにするほか、鉢底から害虫が侵入するのを防ぎます。

●手袋、グローブ

手荒れや汚れが気になるときには、細かな作業がしやすい薄手の使い捨てタイプが便利。トゲのある植物を扱うときは、厚手の園芸用手袋をつけましょう。

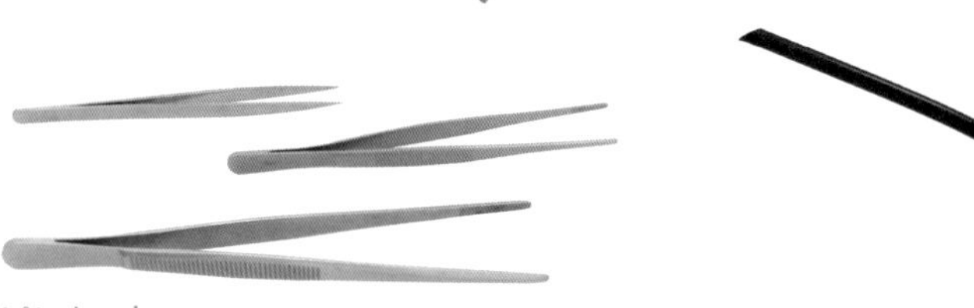

●ピンセット

寄せ植えの必需品。小さい苗を植えるときにも使います。先端がとがったタイプや曲がったタイプなどいくつか種類があります。長さもいろいろあるので自分の手に馴染むものを選びましょう。

●ジョウロ、水差し

株元に水やりをするときは水差しを使いますが、着脱可能なハス口がついたタイプを選ぶと便利です。

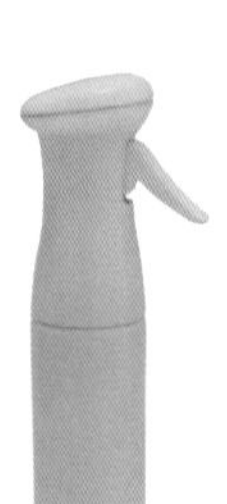

●霧吹き

葉水や薬剤散布に使用します。

●ブロワー

葉や生長点に溜まった水やホコリを飛ばします。

●トレイ、パッド

切った多肉植物の苗や土をのせたりするときに使います。セダムなどの細かい多肉植物を分けたりするときにも便利です。

多肉植物でよく使われる鉢

一般的に出回っている素材のほか、ハンドメイド作家がつくるリメイク鉢や木工用モルタルなど
多肉植物用に特化したおしゃれな作品も多く出回るようになってきました。

楽しいクラフト鉢

●モルタル造形鉢

モルタルを使い造形された鉢。家の形や壁掛けタイプなどがあり、多肉植物の寄せ植えの幅を広げてくれます。

●リメイク鉢

既成品の鉢にペイントや飾りをつけたものや、木や缶などの素材でつくった鉢のこと。素材によっては、雨ざらしにしないように注意が必要です。空き缶をリメイクした鉢は、リメイク缶やリメ缶と呼んで区別することもあります。

miiwa's advice

鉢の大きさ

「号」は鉢の直径を表す単位で、1号は約3㎝です。2.5号の鉢の直径は約7.5㎝、3号の鉢では約9㎝になります。多肉植物では、2.5～3号の鉢がよく使われます。

いろいろな素材の鉢

●素焼き鉢

水分や空気が抜けやすいのが特徴。ほかの素材に比べ土が乾燥しやすく、特に鉢を乾き気味にしたい多肉植物に向いています。一般的に高温で焼いたオレンジ色の素焼き鉢をテラコッタと総称します。

●プラスチック鉢

軽量で低価格なので、使いやすいのがメリット。通気性はよくないので、水やり回数を減らして対応します。

●陶器鉢

重さがあるので、安定感があります。一般に流通しているものに加え、作家の一点ものや和洋中など多様なデザインがあります。釉薬がかかっているので保水性が高めです。

●ブリキ鉢

保水性がよく、軽さが特徴。穴がない場合は、クギなどを使って、底に水抜き穴をつくるなど工夫が必要です。

●木製鉢

ナチュラルな風合いが魅力。長く使うと傷んできますが、通気性や水はけがよく、熱を伝えにくくコンクリートなどからの熱を防ぎます。板の厚さで通気性が変わります。

栽培用土の基本

多肉植物栽培用の土は園芸店などで購入できます。どんな土が栽培に向いているのかわかってくると自分の理想に合わせた土づくりが可能になります。

土は多肉植物のご飯で住むところ

多肉植物はあまり養分を必要としませんが、それでも土からミネラルなど少し栄養を摂取しています。土は、多肉植物が快適に過ごす大切な場所であり、日光や水、風とともに生育にたいへん重要な要素です。

多肉植物の土は、水やりをしたあとしっかり乾かす必要があるため、ほかの草花用の土より排水性を高めるようにします。また、多肉植物は弱酸性の土を好むため、複数の土を混ぜて使います。園芸店などで、多肉植物用土が販売されているので、こちらを利用すると手軽です。

育てる多肉植物が増えてきたときなどの機会を見つけ、ご自宅の環境や育ってほしい姿をイメージして、目的に合った配合の土づくりに挑戦してその配合で育つ植物を観察し、さらに改良してあげるとよいでしょう。

なお、多肉植物は、ほかの草木に比べて肥料は少なめが基本です。

土を考えるときの着目点

［水はけと保水性］ 多肉植物は水はけのよい土を好む。適度な保水性も大切で、水やり後に土を良好な状態に保ち、根張りを支える。

［弱酸性］ 多肉植物は、弱酸性を好む。自分で配合するときは、意識しておくとよい。

［通気性］ 排水性のよい土は、すき間ができるので通気性もよくなり、良性菌や微生物に必要な酸素が根に届く。

多肉植物用土のブレンド例

初めて配合する方には、市販の「多肉植物用土」をベースに、「花と野菜の培養土」（堆肥や有機質をあまり使っていないもの）を混ぜて使うことをおすすめしています。多肉植物培養土を8割、花の野菜の培養土を2割という配合からやってみましょう。

土の乾き具合や多肉植物の育つ様子、季節や環境に合わせて、ブレンドの比率やほかの土や改良材の配合などをいろいろ試してください。
冬に向かう秋には、水やりの間隔が空くので、少し保水力のある土にしてみたり、春には生長期を迎える多肉植物が多いことから化学肥料を加えてみるなど、工夫のしどころです。
ゴールデンウィークを過ぎたら、寄せ植えも蒸れ防止を考えて多肉植物用の培養土のみを用いるようにします。
慣れてきたら、少し極端に条件を変えた対照実験をしてみると、自分にとってベストな配合などが導き出しやすいと思います。

8 : 2

土の基本知識

多肉植物用の培養土にもよく配合されている
土や改良材について紹介します。

基本の土

配合の土台となる土です。買ってきた培養土を広げてどんな配合になっているか観察して、オリジナルの土づくりの参考にするのもおすすめです。

●鹿沼土（かぬまつち）

形状は多孔質で、保水性や通気性、排水性に優れており酸性度が高い。指で押すとつぶれる。多肉植物の栽培では、主に小・細粒を用いる。

●赤玉土（あかだまつち）

通気性、保水性、排水性がよく、弱酸性。園芸ではポピュラーな存在。多肉植物の栽培では、鹿沼土と同じく小・細粒を主に使う。

●日向土（ひゅうがつち）

細かい穴が空いている軽石の一種。軽石は水に浮くが、日向土はやわらかく水が染み込むと沈む。ほぼ中性で崩れにくく、通気性、保水性に富み、扱いやすい。

改良材

適宜加えて、土壌改良や、培養土の効果を高めます。

●ピートモス

コケなどの植物が堆積した泥炭を乾燥させたもの。酸性で水持ちはよく、土をやわらかくする働きがある。

●バーミキュライト

鉱物の蛭石（ひるいし）を高温焼成し砕いたもの。多孔質、多層構造のため軽く無菌で清潔。挿し木や種まきに多く利用される。

●くん炭（たん）

もみ殻をいぶして炭化させたもの。土をやわらかくし、中性～アルカリ性に傾ける働きがある。

●ゼオライト

多孔質で、土中の物質を吸着する浄化作用がある。根腐れ防止のため、穴のない器などの底に入れることがある。

肥料について

COLUMN

肥料は、元肥（もとごえ）と追肥（ついひ）に分けられます。また、原料により有機肥料と化成肥料に分けられます。効果も緩効性と即効性のものがあるので、用途により使い分けます。
冬の紅葉を楽しむ場合、肥料を与えすぎるときれいな色が出ないため、秋以降は施肥をしないのが一般的。ただ、緩効性タイプは、冬場に全部溶けずすぐに効果は出ないので、9～10月頃に施肥してもよいでしょう。

●元肥

植え替えや挿し木にするときに土に混ぜる。多肉植物には化成肥料を使うのが一般的。市販の多肉植物用の土には配合されていることが多い。

●追肥

生育が活発な時期に、緩効性の置き肥（土の上に置く固形タイプの肥料）を施すとよい。液体肥料（液肥）は手軽に使え、濃度がコントロールしやすく結果が早く出るため、効果を確認しやすい。「おいごえ」ともいう。

植え替えの基本

生育の進んだ株や購入した株は、植え替えをしてあげるとより健康に育てることができます。この項では、植え替えの基本を紹介します。

なぜ植え替えが必要か？

株が生長すると土の中の根が回り、鉢の中がいっぱいになります。老廃物が土に蓄積してかたくなり、通気性や排水性が悪くなります。極端に生長が遅くなったり止まったりし、多肉植物が小さくなるなど生長に影響が出てくる原因になります。

このような事態を防ぐためにも、植え替えをして生育環境を整え直し、水分や栄養、酸素が植物全体にいきわたるようにします。このとき、病虫害のチェックも忘れずに。発見したときは対策を講じます。

また、購入したばかりの株は、完成株で根がしっかり張って詰まっていることもあるので、植え替えてあげましょう。

こんなときは植え替えを

- 購入後、ビニールポットなどに入っている株
- 長く植え替えていないもの
- 根が鉢底から出ているもの
- 生長点が枯れてきたもの

植え替えポイント

植え替えは、それぞれの生育期に行います。なるべく、生長が盛んになる直前、生育期の初めがおすすめです。

〈例〉

春秋型 → 春または秋の初め

1〜2年に1回
（生長の早いものは半年に1回）

2年以上経過したものは優先的に植え替えていきます。

鉢の中が乾いたタイミングで行う

土が濡れていると、雑菌が繁殖している可能性や、株を汚すことがあります。作業数日前から、水やりをせず土を乾かしておきます。

清潔で新しい土に植え替える

病虫害の影響がない、清潔な土を使用します。道具類も清潔なものを準備しましょう。

鉢の大きさはどのくらい？

それまで植えられていた鉢と同じか、ひと回り大きなサイズの鉢に植え替えるのが基本です。葉が鉢の周りからはみ出し安定が悪くなるなど、鉢が小さくなってきたと思ったら、ひと回り大きな鉢に植え替えるようにします。たとえば、2.5号は3号の鉢に、3号は3.5号の鉢に植え替えると無理がありません。いきなり大きな鉢に植えると、元気がなくなることがあります。土を替えるだけなら、同じ大きさの鉢に植え替えてもよいでしょう。

「号」は鉢の直径のこと。1号は約3cm。

植え替えの基本手順

植え替えは、それぞれの多肉植物の特性をふまえて行いますが、基本はほとんどの多肉植物で共通しています。ここでは、基本的な作業の流れを紹介します。

準備する道具

鉢、鉢底ネット、土、ピンセット、ハサミ、土入れ、トレイ、顆粒状殺虫剤、スプーン（殺虫剤用）

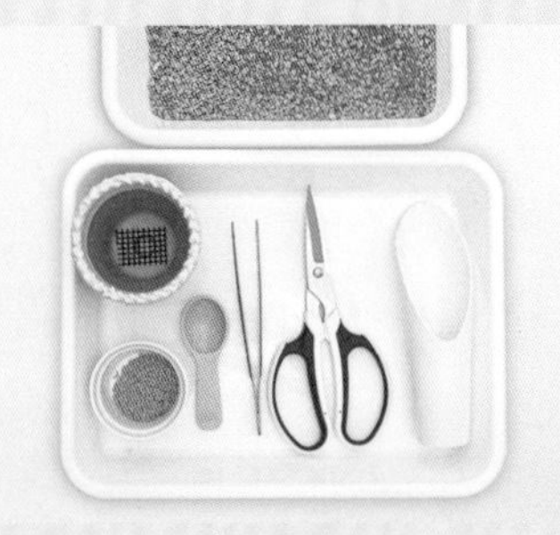

1

株を土ごと抜き、先に表土を5㎜ほど取り、かたまった土と根を崩す。抜けないときは、底穴から指で押すか側面をもんでみる。

2

古い土や枯れ葉などを、根や茎に気をつけながら取り除く。虫がついていないかチェックする。

3

鉢底ネットを底に敷く。

POINT
通気性を高めるために鉢底石やココヤシファイバーを敷いてもよい。

4

土を鉢の高さの半分くらいまで入れる。

5

株を手に持ったまま鉢の中央に入れて高さを決め、土を足す。

6

土をすき間なく入れたら、トントンと軽く鉢底を作業台に当てて、根の間に土が入るようにする。

7

土を鉢の上まで入れたら、株がぐらつかないかチェックする。

8

必要に応じて、顆粒状の殺虫剤を入れる（ここではベニカXガード粒剤を使用）。

POINT
殺虫剤は、土にのせるか混ぜて使う。

完成

ブロンズ姫（グラプトセダム属）

明るい日陰に置き、管理する。1週間後に水やりをして、日当たりと風通しのよい場所に置く。

POINT
次からは、ほかの多肉植物に水やりをするタイミングで水をあげると、管理がしやすい。

株の増やし方

多肉植物は葉や茎からも増やすことができます。お気に入りの多肉植物を増やして飾るのも多肉植物を育てる大きな楽しみです。

多肉植物を増やしてみましょう

多肉植物は生命力が強く、切った茎や地面に落ちた葉、あるいはもいだ葉から発根・発芽する種が多く見られます。初心者でも、1枚の葉がかわいい芽や根を出して、やがて立派な多肉植物に育つ様子が楽しめます。

なお、斑入り（ふい）の葉の葉挿しは、斑のない緑色や全斑（ぜんはん）（葉緑素のない白い葉）の芽が出ることもあります。全斑は光合成ができず、育てづらいので気をつけましょう。

生長点とは？

生長点とは、植物の根・葉・茎の先端、葉を広げる植物の生長が盛んな部分をいいます。多肉植物は、葉が取れやすいものも多く、茎についていた葉のつけ根部分が生長点となり、そこからも発根し生長します。

生長点は、植物が大きくなるために大切な部分であり、傷つけると新たな生長点をつくるために体力を使ったり、新旧複数の生長点部分ができてしまい、形が乱れたりします。

エケベリアなどでは中央部

いろいろな株の増やし方

株分け（→P.31～33）

生長して群生したり、周りに子株がついたり、ランナーで増えたりした多肉植物を、親株から離して育てる方法です。

葉挿し（→P.29）

茎からはずした葉を、土に挿すか、土の上に置いて芽や根を出させて増やす方法。親株と同じ性質を持つ株を増やします。

胴切り（→P.34～35）

多肉植物の葉や幹を切り、上下で株分けして発根、発芽させる方法です。

挿し木（→P.30）

茎を切って土に挿して増やす方法。挿し芽ともいいます。

完成

芽が出るまで明るい日陰で管理する。1週間後から水やりをする。

miiwa's advice

発芽後の管理

発芽後、3㎝ほどに生長したら鉢やビニールポットなどに植え替えましょう。元の葉は無理に取らなくても大丈夫。写真は白牡丹の芽。

memo

グラプトペタルム属やその属間交配種、エケベリア属、セダム属の虹の玉などが発芽効率がよくおすすめです。

葉挿し

葉のつけ根にある生長点から発芽・発根するので、茎から葉を丁寧に取りはずします。

秋麗（グラプトセダム属）

1

親株の下側の葉を、ゆっくり左右に揺らすようにして、もぎ取る。

POINT
葉を上から下へ取ると、写真のように表皮も一緒に取れてしまうことがある。皮がはがれた茎の部分から、病原菌などの感染や、株を弱らせる原因になるので注意。

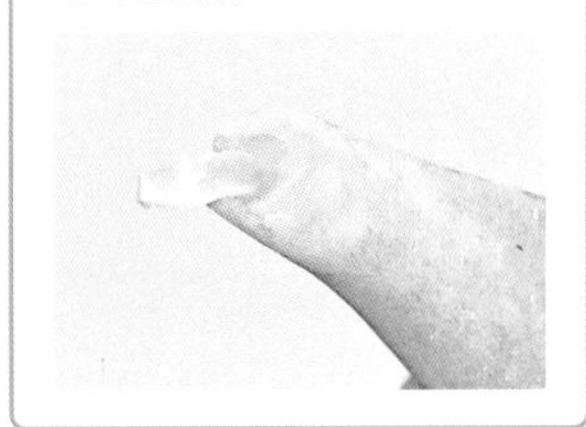

2

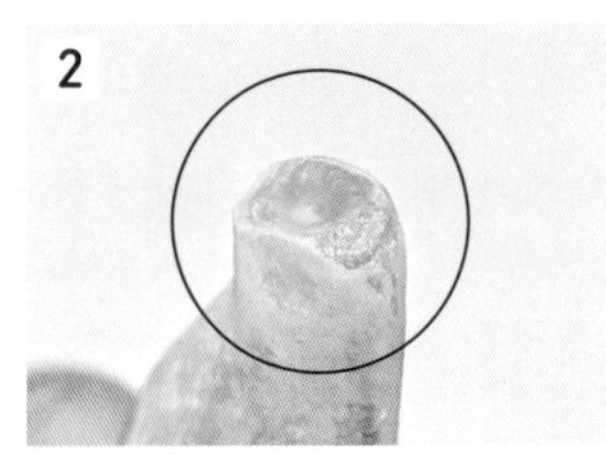

生長点となるつけ根から取れているかを確認する。

3

葉を土に置くか、生長点部分を土に挿す。横に寝かして半分土に埋まるようにして植えると、水やりのときなどに倒れづらい。

POINT
あとから種類がわからなくならないように、ラベルを添えておくとよい。

エケベリアの葉のとり方

初心者は、葉の大きさがある程度あるもので始めるとよいでしょう。

空いているほうの手で株をやさしく押さえて、葉を軽くつまんで左右に動かし、ゆっくり根元からはずす。茎の皮を一緒にむかないように注意。

ピンクプリデ（エケベリア属）

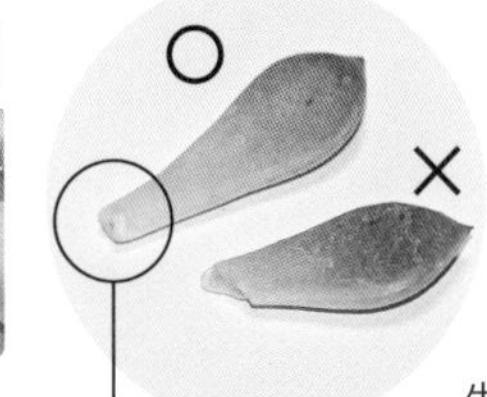

はずした葉の様子。つけ根に生長点がないと葉や茎が出ない。

挿し木

カットした茎を土に挿して増やす方法で「挿し芽」ともいいます。木立ち性で枝分かれして上に伸び、生育が早い多肉植物に向いています。

虹の玉（セダム属）

1

茎をハサミでカットする。挿す部分が短いときは、茎の下のほうの葉をはずす。

> **POINT**
> 土に挿す部分は、茎の先の部分の大きさによるが、3～6㎝を目安に。短くても1～2㎝は確保したい。

2

時間があるときは、半日ほどトレイなどに置き、乾かしてから使う。

> **POINT**
> 数日間横倒しのままにしておくと、茎が曲がって育ち、植えづらくなる。ザルの網目などに挿して、まっすぐ立てておくとよい。

3

茎先よりピンセットの先端が出るように茎を挟む。乾いた土にまっすぐ植える。

完成

明るい日陰に置き、管理する。1週間後に水やりをして、日当たりと風通しのよい場所に置く。

40日後

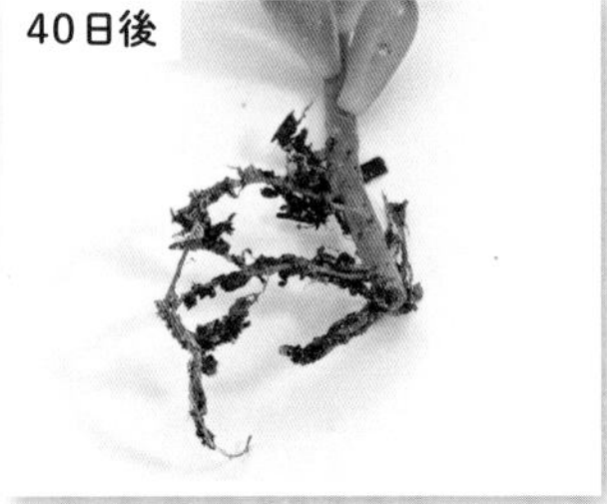

根が伸びてきた様子。

> memo
>
> この方法で多くの多肉植物を増やすことができます。特にセダム属、カランコエ属、クラッスラ属、木立ちしやすいエケベリア属の仲間なども向いています。

茎を観察すると、葉の反対側から根が出ているのがわかりますよ！

ネックレスタイプの増やし方

セネシオ属のグリーンネックレスやオトンナ属のルビーネックレスなど、垂れるタイプの多肉植物も、伸びた茎を切り分けて増やすことができます。

茎の途中から出ている根をつけたまま、茎をハサミでカットする。長さは10～15㎝くらいが目安。

▶

ルビーネックレス（オトンナ属）

根の部分を下にして乾いた土の上に置く。1週間後に水やりをして、日当たりと風通しのよい場所に置く。

5 植え替えの要領で、乾いた土を入れ、鉢に植える。

完成 親株も同様に植える。明るい日陰に置き、管理する。1週間後に水やりをして、日当たりと風通しのよい場所に置く。

> **memo**
> ハオルチアのほか、エケベリア属、セダム属、アガベ属、アロエ属など親株から子株が出るタイプで広く使える方法です。

株分け
[群生タイプ]

レツーサ（ハオルチア属）

鉢いっぱいに育った多肉植物を、親株と子株に分けて植えます。小さい子株は、少し育つまで待つのもよいでしょう。

1 鉢を少し斜めに傾けて、株を静かに抜き、土を崩す。このときできるだけ多肉植物に古い土がかからないようにする。

2 根のつき方などを観察して、ゆっくりと子株をはずす。なるべく根が切れないように注意。

3 子株の土を取り除き、枯れ葉や黒くなった古根を取り、きれいにする。

4 はずした子株をトレイに並べて、状態をチェックする。白いトレイを使うとわかりやすい。

群生して繁るタイプのセダムの増やし方

鉢いっぱいに育った株は、大きい鉢にそのまま植え替えるか、根元で半分にして別々の鉢に植え替えるとよいでしょう。はみ出した部分は切り取って土に挿し、増やせます。

鉢からはみ出した部分を切り取る。

パリダム（セダム属）

茎を2～3本ずつまとめピンセットで土に挿す。直径4～5cm程度になるように入れる。

空いているほうの手で葉を押さえながらピンセットを抜くと、上手に植えられますよ！

完成

明るい日陰に置き、管理する。1週間後に水やりをして、日当たりと風通しのよい場所に置く。

4か月後

伸び出した根の様子。

時間がかかることもあるので、気長に管理。無理に株を動かさずやさしく扱いましょう。

memo

子株がよくできる多肉植物には、ユーフォルビア属やサボテン科があります。

株分け

[茎や葉についた子株]

オベサブロウ（ユーフォルビア属）

株の幹や葉から芽吹いた子株を取りはずして、植え替えてみましょう。親株の形を保ちたいときにも行います。

1

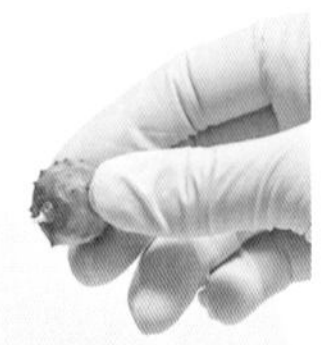

取る場所と残す場所を決めて、くるくるとねじりながら回し、親株からはずす。

POINT
傷ついた部分から出る乳液でかぶれることがあるので、手袋をつける。

2

親株のバランスを見ながら、同様の手順ではずしていく。取りはずした子株は、半日～1日ほど乾かしておくとよい。

POINT
鉢の縁からはみ出しているものを目安に取りはずす。

3

切り口が乾いたら、転がらないように土に植えていく。

POINT
転がりやすい場合は、子株どうしを詰めて植えて安定させるのも方法のひとつ。

コダカラソウの仲間の増やし方

葉に子株がつくのが楽しいコダカラソウの仲間は、生命力が強く簡単に増やすことができます。風に飛ばされた子株が、知らない間にほかの鉢で育っていることもあります。

手のひらにのせた子株。

不死鳥錦
（カランコエ属）

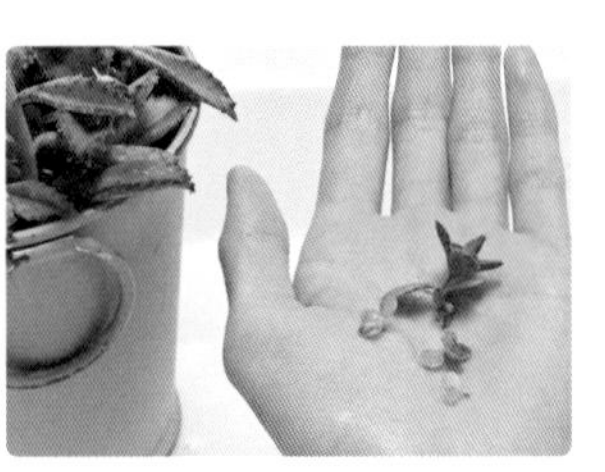

親葉からこぼれ落ちた子株を、ピンセットで鉢に置くように挿します。水やりはほかの多肉植物と同様です。

完成

明るい日陰に置き、管理する。1週間後に水やりをして、日当たりと風通しのよいところに置く。

株分け
[ランナーで増えるタイプ]

大紅巻絹（センペルビウム属）

ランナーとは地表を這うように長く伸びた茎のこと。先端に子株をつけ、あちこちに腕を伸ばしたようなかわいい姿になります。

1

子株から根が出ているかどうかチェックする。根がある子株は、挿したのちに生育しやすい。

2

親株についたランナーをつまみ、親株の近くで取る。

3

子株のランナーを、2cm程度の挿しやすい長さに切り揃える。

4

ピンセットで挟み、ランナーを挿していく。

POINT
空いているほうの手で子株を軽く押さえながら土に挿すと、株を安定させながら植えられる。

memo
ランナーで増えるタイプの多肉植物には、センペルビウム属の仲間、グラプトペダルム属のマクドガリーやエケベリア属のプロリフィカなどがあります。

子株が育ったら寄せ植えに活用

子株が育って株分けするときに、育苗用のビニールポットや手持ちの使っていない鉢などに植えること多いでしょう。
吟味して選んだ鉢を使って、いろいろなセンペルビウムの子株を集めてバランスを見て入れていくと、素敵な寄せ植えができます。育てていくのがさらに楽しくなります。

3

時間があれば、ひと晩以上切り口を乾かす。はずした葉は、葉挿しに使ってもよい。

完成

明るい日陰に置き、管理する。1週間後に水やりをして、日当たりと風通しのよい場所に置く。

胴切り①（エケベリア属）

アイラインチョコ（エケベリア属）

茎の途中から切って発根させ育てる方法です。大きく生長あるいは徒長した株、根元が根腐れしたときなどにも行います。

1

切り離したあと、挿しやすい形をイメージして、切る位置を決め、カットする。

memo

エケベリア属のほか、ハオルチア属、サボテン科などに活用できます。

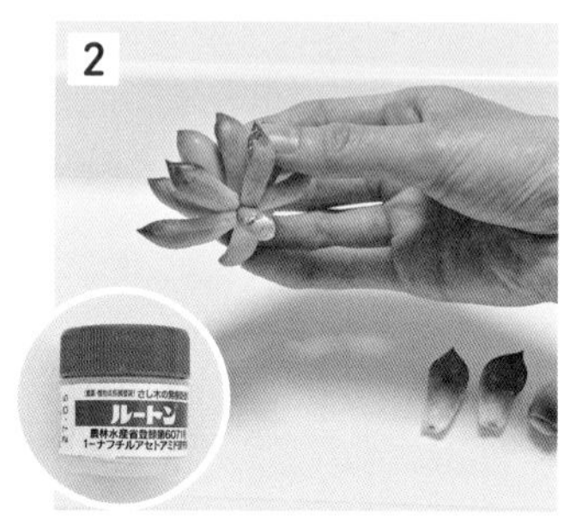

2

切り離した株の下側の葉を、何枚かゆっくり取りはずし1～3㎝ほど茎を出す。切り口に、ルートンなど発根促進剤を塗布してもよい。

POINT
傷んだ葉は、はずしておく。

テグスを使って切り離す方法

テグスを多肉植物にクルッと巻いて切る方法です。
切り口がきれいにカットできます。

エケベリアの生長点は、中央の外葉より低い位置にあることが多いので、かける位置に注意。

葉の間にテグスをかけ、1周させる。葉の下から1～2段目くらいを目安にテグスをかけるとよい。

思い切りが大切！

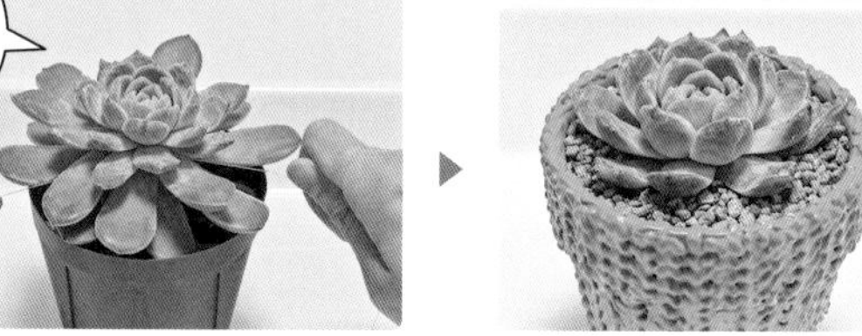

短めにテグスを持ち、左右の中指にテグスを巻きつけて人差し指で押さえて、一気に左右に引っ張る。切り取れなかったときは、テグスがかかっているか確認して、もう一度引っ張る。

胴切り②（サボテン科）

マミラリアの1種（サボテン科）

サボテンなど茎の太い多肉植物を扱う場合は、トゲやカッターでケガをしないように、園芸用の手袋をつけましょう。

自分が育てたい長さでカット。今回はトゲの間隔が空いた部分を目安に切る。

切り取ったところ。木質化した部分があったら避けて切るとよい。

切り口を乾かす。1日ほどたったら土に挿す。

明るい日陰に置き、管理する。1週間後に水やりをして、日当たりと風通しのよい場所に置く。

＼ 観察してみましょう ／

生長点をかき取って2日ほどすると、中心の葉が閉じたように見えます（左）。1～2か月すると、摘み取った部分から複数の新芽が育ちます（右）。

3本の新しい小枝が伸びて繁っている様子。

アエオニウムの摘芯

植物の芽の先端を摘み取ることを摘芯といいます。
アエオニウムを摘芯すると、そこから複数の新芽が伸び、
やがてボリュームのある姿になります。
摘芯は生長期に当たる春や秋に行うとよく芽が育ちます。

1 生長点の中心にある葉を4～6枚指でつまみ、くるくる回して葉を取る。

2 葉を取ったあとにとがった部分が残るので、ピンセットなどでかき取る。円内は、かき取ったあとの様子。

仕立て直し

外で育てることの多い多肉植物。日光や風雨によって型崩れしたり、弱ってしまったりすることもあります。そんなときは、仕立て直しをおすすめします。

仕立て直しで若返る

多肉植物を育てていると、生長するのは嬉しいのですが、きちんと管理していても姿が乱れてきます。

このようなときは、枯れた枝葉を取り除き、仕立て直してあげると、再びかわいい姿になって育ちます。多肉植物は再生能力が高く、その生命力、生長力も大きな魅力のひとつです。

徒長について

植物の茎や枝が必要以上に細く伸び、葉の間隔が間延びした状態を徒長といいます。徒長の主な原因は、置き場所による日照不足や肥料のあげすぎ、気候の影響。生長の早いタイプの多肉植物で目立ちます。一度間延びしてしまった茎は元に戻せませんが、適度に切り戻して挿し木の要領で植え直しができます。

室内で徒長した多肉植物は、仕立て直しの成功率が低いので、屋外の明るい日陰に出して風によく当て、弱々しさがなくなったところで仕立て直しをしてみてください。

こんなときは植え替えを

- 大きく育ち、根詰まりしたとき
- 日照不足などによる徒長が見られたとき
- 気候の影響などによる傷みが見られたとき
- 加湿などにより鉢の環境が悪くなったとき

miiwa's advice

大きく伸びやかな姿の多肉植物も魅力的

大きく充実した株（写真参照）は、そのまま育てるのもよいですね。野生的な姿は、それだけで十分魅力的です。枝ぶりを活かして、合う鉢を選び植え替えをするほか、大きな寄せ植え用に、背が高く伸びた多肉植物を利用する方法もあります。
小さな苗の姿に戻すだけでなく、たくさんの楽しみ方があります。

仕立て直しの手順

生長により大きくなってしまい、型崩れして育てづらくなった株を仕立て直しましょう。

火祭りの光（クラッスラ属）

1

茎をカットしていく。

2

元株はコンパクトにする。茎の葉は下から3段くらい残すと、脇芽が出やすい。

3

切り取った茎が長い場合は、いくつかにカットしてもよい。

4

切り取った茎は挿し木（→P.30）の要領で、清潔な土に挿す。

完成

明るい日陰に置き、管理する。1週間後に水やりをして、日当たりと風通しのよい場所に置く。

POINT

伸びてしまった多肉植物をカットして、1つの鉢に集めてもよい。

こんなときは…

COLUMN

葉が枯れて気根が出るなど、茎が汚い

指やピンセットで、枯れ葉や気根を取り除き、すっきりさせる。このとき、茎を傷つけないように。

茎の下側が木化している

生長が進むと、茎の下側が木化してきます。可能なら木化した部分は避け、上側のみずみずしい部分からカットするようにしましょう。

病虫害の対策

多肉植物を育てていて、避けて通れないのが病気と害虫。
予防には、日頃から管理に気を配ることが大切です。
何かと厄介ですが、守ってあげられるのはあなただけです。

予防と早期対策が大切

湿度が高い時期、雨が降らない乾いた時期、それぞれに発生する病虫害があります。特に春から夏にかけては、病虫害が発生しやすく、被害も短時間で広がりやすいので、チェックの回数も増やしましょう。

予防としての薬剤散布は、虫の活動が活発になる6〜8月より前の3〜5月頃にしっかり行うと、あとの管理が楽になります。被害を防ぐために、適正な期間を置いての定期的な散布も効果的です。庭木を消毒するときに使う薬剤が、多肉植物にも利用可能な場合は一緒に散布すると合理的です。

被害を見つけたら

もし、病虫害を見つけたら、被害が広がる前に速やかに各症状に対応する薬剤を散布します。害虫の場合は、一度薬剤散布したのち、1週間〜10日ほどして卵が孵化した頃にもう一度散布すると効果的です。

被害にあった株は、風通しのよい場所に養生場をつくって、ほかへ病虫害が広がらないように隔離するのもよいでしょう。

多肉植物に使える薬剤

殺菌剤は病気用、殺虫剤は害虫駆除用です。病虫害によって適応する薬剤が違うので、どんな虫がついているか観察して適応した薬剤を使用します。初心者は、殺虫殺菌剤が使いやすいでしょう。使用目的に合わせた薬剤を選び、必ず説明文にある容量・用法を守ってください。局所的に使用し様子を見てから全体に散布すると安心です。

ベニカXファインスプレー（殺虫殺菌剤）
住友化学園芸（株）
スプレータイプで、植物に直接散布する。

ベニカXガード粒剤（殺虫殺菌剤）
住友化学園芸（株）
病気に対する抵抗力を上げる予防効果、殺虫効果がある。顆粒状で、薬剤成分は根から吸収される。植え替えのときに土に混ぜるか、表面にまく。

GFベンレート水和剤（殺菌剤）
住友化学園芸（株）
うどん粉病や黒斑病、カビなどに有効。水で希釈し霧吹きなどで散する。

オルトランDX粒剤（殺虫剤）
住友化学園芸（株）
いろいろな害虫の予防になる。顆粒状で薬剤成分は根から吸収される。植え替えのときに土に混ぜるか表面にまく。

コテツフロアブル（殺虫剤） 日本曹達（株）
ハダニやヨトウムシのほか、一般的な殺ダニ剤では駆除が難しいホコリダニにも効果がある。

マラソン乳剤（殺虫剤）
即効性がある。水で希釈し霧吹きなどで散布する（いろいろな会社から発売されている）。

ベニカXファイン スプレー

GFベンレート 水和剤

オルトラン DX粒剤

まずは、病虫害の種類を見分けることが第一です！

主な病気と対策

❶ 黒斑病（黒点病）

原因・症状：梅雨時期などのカビが原因。茎葉にできた黒い斑点が徐々に広がり生育を妨げ、枯れてしまうことも。発生した葉は治らず、見栄えが悪くなる。

対策：葉が取れる部分は取り除いて広がらないようにし、薬剤散布をする。風通しや日当たりのよい場所に移動して管理する。

❷ うどん粉病

原因・症状：葉などに白い斑点がつき、放置すると植物全体がうどん粉をふりかけたようになり生育を妨げる。ほかの植物に移りやすい。

対策：株全体にしっかり薬剤散布をする。葉の裏や根元、土の表面も忘れずに。

❸ 根腐れ

原因・症状：株元や茎が変色し、根が腐る。根詰まりや水分・肥料のやりすぎが原因。風通しが悪い場所や、長期間土を濡れたままにしておくことも誘因になる。

対策：鉢から抜き、傷んだ根をカットして乾かし、清潔な新しい土に植え直す。

❹ 葉焼け

原因・症状：強い日射しを長時間浴びて茶色に変色した状態で、傷んだ部分は元に戻らない。日射しがあまり当たっていなかった株に、急に直射日光を当てたときにも起こる。

対策：症状が軽い場合は日陰に移動するか遮光し、新しい葉が育つのを待つ。葉挿しや挿し木で再生も可能。購入直後の株や日陰で管理されていた株は、少しずつ日光に慣れさせることで予防できる。

❺ 軟腐病

原因・症状：害虫の噛み傷などから菌が侵入し、溶けるようにやわらかく腐敗して強い悪臭を放つ。臭いの有無で根腐れと区別できる。病気にかかった部分を取り除く。

対策：進行が早いので、土とともに速やかに処分する。日頃から殺虫剤を散布し、傷を見つけたらすぐに乾燥させる。

主な害虫と対策

❶ ホコリダニ

形状・被害：0.2㎜ほどで、肉眼では見つけにくい。下葉のつけ根や裏側、新芽などに寄生する。エケベリアが夏にかすれたように黒くなって枯れる原因。

対策：通常の殺ダニ剤はあまり効果がないので、専用の殺ダニ剤を使って駆除。

❷ ハダニ

形状・被害：体長0.5㎜ほど。黄緑色または暗赤色。汁を吸って生育を妨げる。変色した吸い跡で気づくことが多い。乾燥を好むため、多肉植物にとって厄介。

対策：水やりのときに洗い流すイメージで水をかける。殺ダニ剤などで駆除。

❸ カイガラムシ

形状・被害：体長1～3㎜ほど。白～灰色、茶色。吸汁により生育を妨げ、排泄物や吸い跡から病気を引き起こす。

対策：薬剤を散布する。対処しきれない成虫は、歯ブラシなどでこすり落としてもよい。

❹ ヨトウムシ

形状・被害：ヨトウガの幼虫。夜行性で、食害により生育を妨げる。卵は小さくて見つけづらい。1㎝ほどに成長した頃、急激な食害で気づくことが多く厄介。

対策：見つけしだい割りばしなどで取り除くか、薬剤散布。

❺ ナメクジ、カタツムリ

形状・被害：5～9月くらいまでの多湿期、主に夜間に活動。葉や花部などを食害し、生育を妨げる。

対策：見つけしだい割りばしなどで捕らえて駆除するか、専用の薬剤を使う。塩は、駆除できないうえ塩害のもとになるので不可。

❻ アブラムシ

形状・被害：体長1～2㎜ほど。繁殖力が旺盛。主に一部のセネシオ属の新芽や大部分の多肉植物の花芽で増殖し、吸汁により生育を妨げる。排泄物は「すすかび病」を発生させる原因となる。

対策：水をかけるとある程度落ちる。薬剤散布で駆除。

見せ方で多肉植物の個性を活かす

形がいろいろだったり、紅葉していたり、細かい毛が生えていたりと、
多肉植物はそれぞれ独自の魅力を持っています。
鉢や小物使いをちょっと工夫すると、雰囲気や季節感が出せます。

親指サイズの小さな吊り下げ鉢。色合いを変えて、雰囲気も少し違う多肉植物を組み合わせると見た目も鮮やか。選ぶ時間も楽しみのひとつです。

手のひらサイズのブリキの鉢に、気に入った多肉植物を植えて並べるだけ。素敵な空間になります。同じ素材や色にするなどしてトーンを揃えると、統一感が出ます。

写真のような個性的な鉢にエケベリアをひとつ入れるのも面白い演出です。

室内で育てられる品種を小さな鉢に植え、木箱に収めました。和風、洋風どちらの部屋にもなじみます。

草むらのような多肉植物を選び、フラミンゴのミニチュアを置きました。水場まで想像できるひと鉢になります。夏の玄関先や窓辺にぴったり。

多肉植物の寄せ植えの基本と応用

寄せ植えの準備

形が個性的で、季節によってカラフルに色づく多肉植物。寄せ植えにすると、お互いに引き立て合って多肉植物だけのボリューム感ある世界ができ上がります。

寄せ植えに必要な道具は、そんなに多くありません。誰でもすぐに始めることができます。完成した寄せ植えは、2～3日ほど明るい日陰で管理して落ち着かせたのち、日当たりのよい場所に出してほかの多肉植物と同じように管理します。

準備するもの

寄せ植えの種類に合わせて、多肉植物用培養土などを準備します。

❶鉢
水はけを考えて、底穴が空いている鉢を使いましょう。

❷鉢底ネット
鉢底穴に合わせて小さくカットして使います。

❸ハサミ
多肉植物の茎をカットするときに使います。大きすぎず、先が細いタイプが便利です。

❹ピンセット
先がまっすぐになっていると、しっかり多肉植物の茎を土に挿し込めます。

❺土入れ
注ぎ口が細いタイプも揃えてあると、少しずつ土を足すときに便利です。

❻トレイ
トレイの中で作業をすると、作業台を汚さず後片づけも楽です。

最初に知っておきたい4つのコツ

知っておくとスムーズ！

●土の落とし方

茎の生え際から土を静かに崩し、土を取り去ります。枯れた葉や余分な葉も取っておくと、挿しやすくなります。

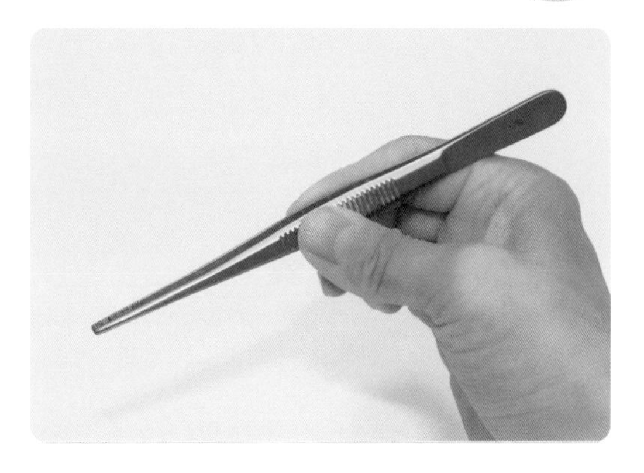

●ピンセットの持ち方

お箸を持つ要領で持ち、先端をコントロールします。握り箸のように持つと、うまく先端を開閉できません。

●茎の細いセダムの扱い

根元に近い部分をピンセットでしっかりつまんで、ねじるようにちぎります。軽く整えてから土に挿します。

●茎の挟み方

ピンセットの先端が茎先より出るように挟みます。茎より先にピンセットの先端が土に着地するイメージで挿すと、茎が折れません。

固まる土・ネルソル® について

COLUMN

ネルソルは、水で練ると粘土のような粘り気が出て、乾くと固まります。この性質を利用して、立体的に多肉植物を植え込むことができます。使うときは、よく練ってしっかり粘り気を出すのがポイント。多肉植物が安定してきれいな寄せ植えがつくれます。水を加えて残った分は密閉容器などに保存して早めに使い切りましょう。

基本の寄せ植え

寄せ植えをしましょう

自分で選んだ多肉植物と鉢で、どんな仕上がりになるか想像しながら寄せ植えをしてみましょう。

寄せ植えの基本をマスターしましょう。ここでは一般的な形の鉢を使い、人気のエケベリアを中心に、茎のあるタイプやふわふわした茎の細いタイプを選んでいます。

レイアウト

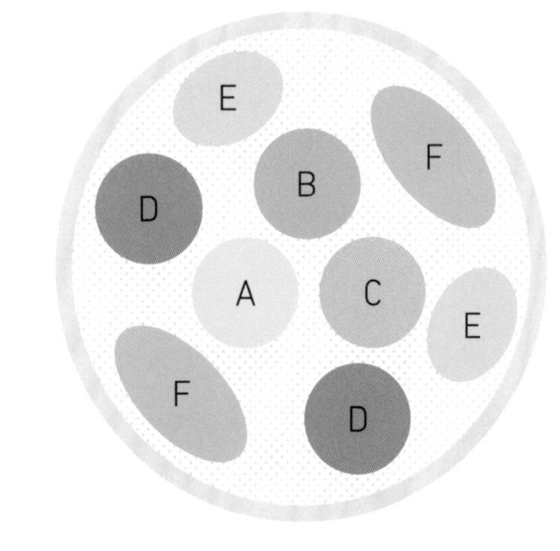

［使った多肉植物］

- Ⓐ 桃太郎
- Ⓑ サンライズマム
- Ⓒ 郡月花
- Ⓓ 虹の玉
- Ⓔ ゴールデンカーペット
- Ⓕ ヒスパニクム

［用意した鉢］

2.5号鉢（直径約7.5cm）

手順

土を鉢の縁から3㎜程度下まで入れる（水やりをすると、土はさらに数㎜下がる）。

桃太郎の下の部分をピンセットで挟み、鉢の左側に挿し込む。

サンライズマムを桃太郎の右後方に同様に挿す。

郡月花を桃太郎の右側に挿す。

3つの苗の中央にすき間ができないように、苗を少し回転させるなどしてしっかり合わせる。

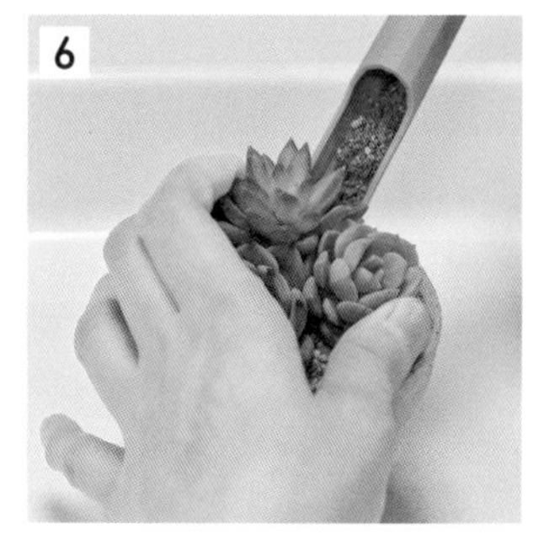

多肉植物と鉢のすき間に土を入れて、株を安定させる。

虹の玉を、手前右側に挿す。

ゴールデンカーペットを左奥側のすき間に、ヒスパニクムを右側奥のすき間に入れる。

全体の色合いを見ながら、ゴールデンカーペットを右手前に、ヒスパニクムを左手前に、虹の玉を左奥側に挿して完成。

miiwa's advice

多肉植物を詰めて入れるときに

多肉植物を端から挿すときは、左側から詰めるように挿していくと安定します(左利きの方は、右側から詰めます)。ピンセットをしっかり土の奥まで挿し込み、もう片方の手で多肉植物を押さえて、そのまま指の力を弱めつつピンセットを土からそっと抜くようにすると、茎が抜けません。

基本の寄せ植えのアレンジ

P.44～45の「基本の寄せ植え」をベースにアレンジのヒントを紹介します。
自由な発想でオリジナルの寄せ植えをつくりましょう。

多肉植物の種類を変える

配置が同じでも、多肉植物の種類を替えれば
別の寄せ植えのように見せることができます。

左は、風が通り抜ける野原のイメージ。茎の細い若緑を入れて、風のそよぎを表現します。
右は、垂れ下がるピーチネックレスを使い、寄せ植えに動きを出しています。

イラストが描かれた鉢はイメージもふくらみます。左は、公園の真ん中にある黒法師を大木に見立てました。
右は、高原の低木から草地につながる風景を切り取ったイメージ。

鉢の色や形を変える

鉢の色や形を替えるだけで、同じ組み合わせの寄せ植えがまったく違う雰囲気になります。

暖色系（左）の鉢を使うと多肉植物がふんわりやさしい印象になります。
寒色系（右）の鉢を使うと、多肉植物の色や形がくっきりとしてさわやかな印象に。

背のある鉢（左）は、寄せ植えが高い位置にくるため足元に置いても見やすくなります。
お菓子の飾りがある鉢（右）は、多肉植物をデザートのように見せてくれます。

COLUMN

多肉植物の色合いと形

多肉植物の色合いや形を意識すると、具体的にどの植物を選んだらいいか考えるヒントになります。

●色合いについて

緑色に加えて黄色やピンク色など明るい色を中心に選ぶと元気で華やかな印象になります。
紫色や青色を混ぜると落ち着いた風合いになります。同じ色みでも明暗によって印象が変わります。

［黄色］明るい差し色

例：ゴールデンカーペット

例：銘月

［赤色］華やかさと元気さ

例：紅葉祭り

例：紅稚児

［白色］上品な陰影をつける

例：白雪ミセバヤ

例：霜の朝

［紫色］落ち着きを表現

例：パープルヘイズ

例：ドラゴンズブラッド

●形について

花や樹木のような形など多肉植物の形はさまざまです。
背の高いものと低いものをバランスよく組み合わせることも意識しましょう。

［ぷっくりした形］

例：ラウイー

［動物の耳のような形］

例：月兎耳

［垂れ下がるタイプ］

例：エンジェルティアーズ

［樹木のような形］

例：若緑

寄せ植えレシピ 1

細長い鉢のシンプル寄せ

葉の重なりが美しい多肉植物を横並びに植えます。隣り合う多肉植物の色や向きに変化をつけると、動きのある寄せ植えになります。すき間を小さなセダムなどで埋めると、全体が華やかな印象になります。

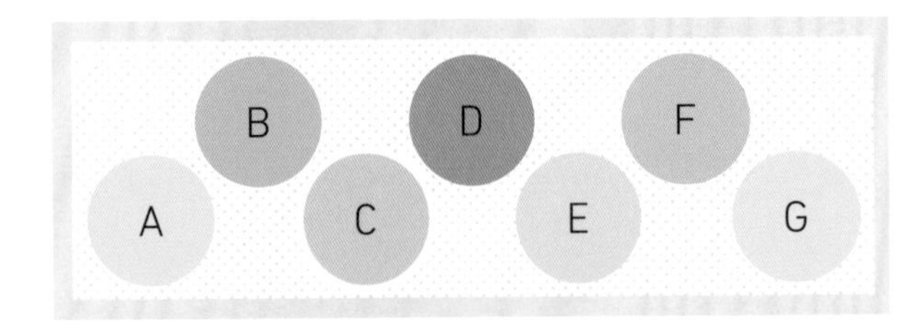

［使った多肉植物］

- A 乙女心（おとめごころ）
- B 松姫（まつひめ）
- C 黄麗錦（おうれいにしき）
- D エメラルドリップル
- E 郡月花（ぐんげつか）
- F 黄麗（おうれい）
- G レティジア

◎飾り用多肉植物

エンジェルティアーズ、虹の玉（にじのたま）、パリダム、マジョール、リトルミッシー

［用意した鉢］

長方形の木製鉢（横幅18㎝×奥行き5㎝×高さ4㎝）

〚 手順 〛

1

土を入れた鉢の左端から挿していく。ここでは乙女心を最初に挿す。

2

松姫を挿す。このときロゼットの中心を奥に向けるようにして動きを出す。

3

先に挿した2つの苗を押さえつつ、黄麗錦をロゼットの中心が手前を向くように挿す。

4

エメラルドリップル、郡月花を同様に挿していく。

5

黄麗、レティジアを挿す。最後の苗はやや右側に向ける。

6

それぞれの向きを確認して、飾り用の多肉植物をすき間に入れて完成。

応用例

上部に屋根がある鉢も、基本は一緒です。中央の部分は少し高さを出し、上下の動きも意識した寄せ植えにしています。

寄せ植えレシピ 2
ちまちま寄せ

小さな多肉植物を、寄り添うように詰めて挿していくかわいい寄せ植えです。色合いと滑らかさを意識すると仕上がりがきれいです。ここでは、お子さんと一緒でも楽しんでいただけるような小さな動物の鉢をセレクト。固まる土、ネルソルを使って寄せていきます。

レイアウト

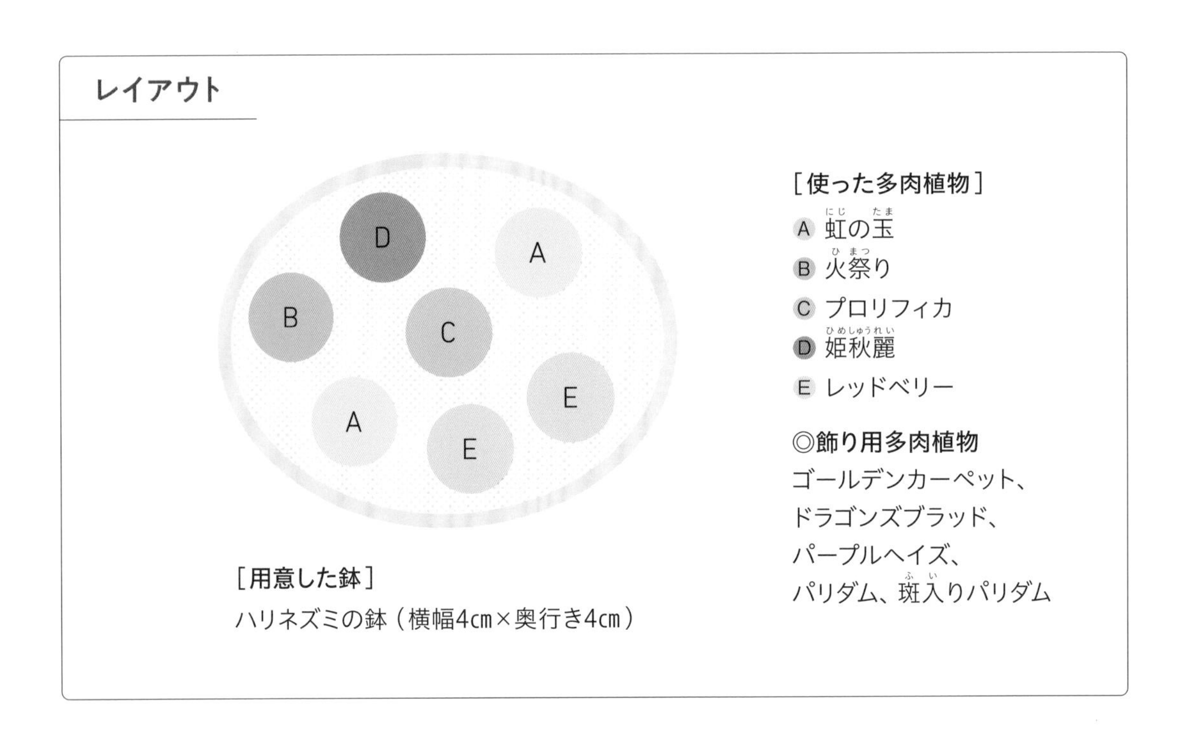

［使った多肉植物］

Ⓐ 虹の玉
Ⓑ 火祭り
Ⓒ プロリフィカ
Ⓓ 姫秋麗
Ⓔ レッドベリー

◎飾り用多肉植物

ゴールデンカーペット、
ドラゴンズブラッド、
パープルヘイズ、
パリダム、斑入りパリダム

［用意した鉢］

ハリネズミの鉢（横幅4㎝×奥行き4㎝）

手順

1

水で練ったネルソルを、鉢の縁までしっかり入れる。

2

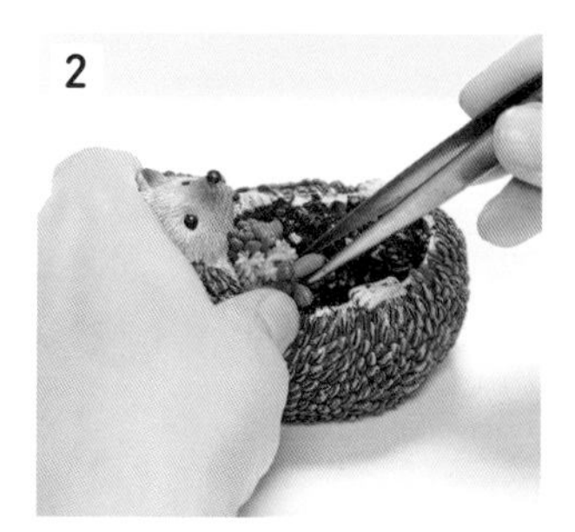

左の端に、飾り用の多肉植物を少し入れてから、その横に虹の玉を挿す。

3

火祭りとプロリフィカを挿していく。

4

飾り用の多肉植物を挟みながら、色と大きさのバランスを見て詰めていく。大きめな多肉植物の配置やバランスを見る。

5

入れ終わったら、ふわっとやさしく指先で押さえて形を整える。

6

全体にすき間がないかを確認する。

7

丸く整っているか鉢を回し、確認して完成。

応用例

少し横長の鉢でも植え方は同じ。やや大きめな多肉植物も入れると変化が出ます。

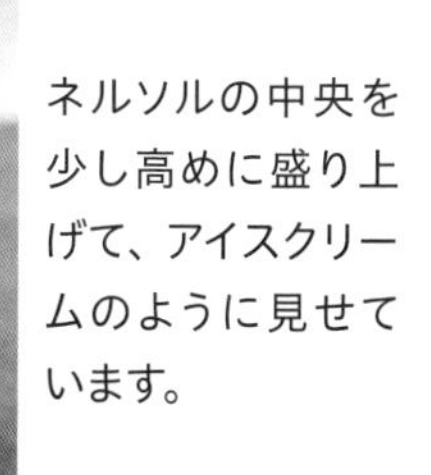

ネルソルの中央を少し高めに盛り上げて、アイスクリームのように見せています。

寄せ植えレシピ
3

エケベリアのカット苗を寄せる

根が切ってある苗をカット苗といいます。海外から輸入の際にも、検疫通過のため根をカットした状態で輸入されます。そのまま土にのせておくと、やがて元気に発根します。枯れた下葉がついていたら、寄せ植えの前に取り除いておきましょう。ここでは、かわいさと優雅さを兼ね備えたエケベリアのカット苗を使った寄せ植えを紹介します。

レイアウト

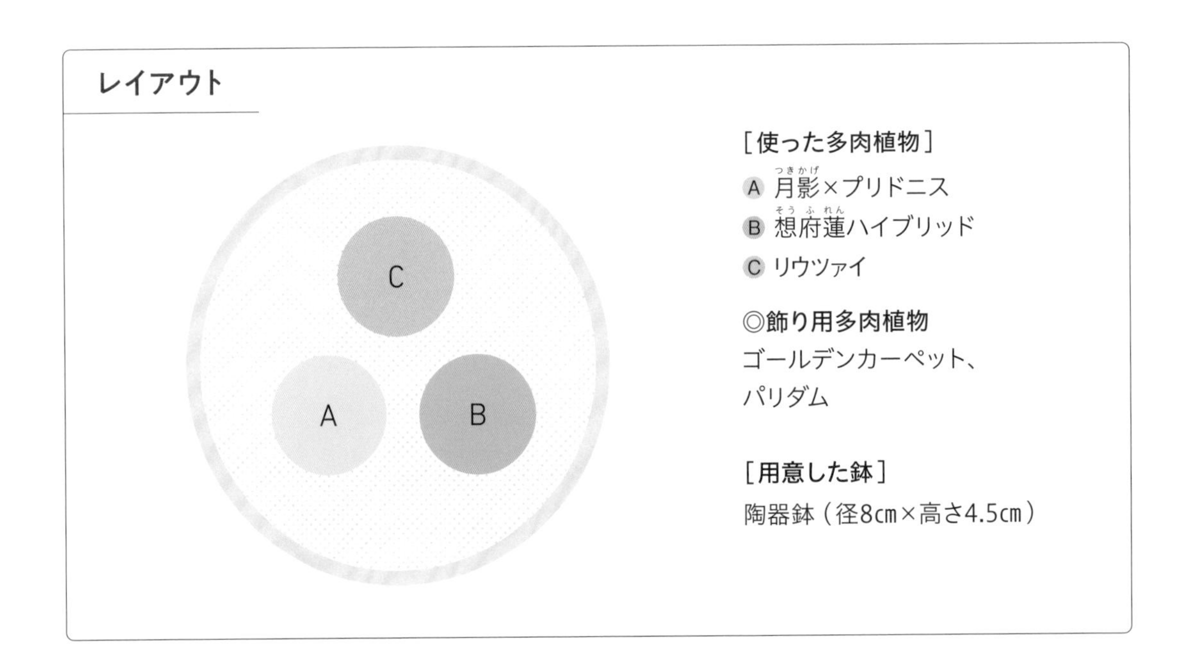

［使った多肉植物］

Ⓐ 月影×プリドニス
Ⓑ 想府蓮ハイブリッド
Ⓒ リウツァイ

◎飾り用多肉植物
ゴールデンカーペット、
パリダム

［用意した鉢］
陶器鉢（径8cm×高さ4.5cm）

[手順]

1

表面が少し丸く盛り上がるように土を入れる。手のひらで少し押さえるようにするとよい。

2

月影×プリドニスを、向きを確認して配置する。

3

想府蓮ハイブリッドを右側にのせ、2つの苗どうしがすき間なく合う場所を確認する。

4

奥側にリウツァイを同様にのせる。3つのエケベリアのバランスを整える。

5

すき間に飾り用の多肉植物を入れて完成。

3つのエケベリアを
三角形にまとめて、
側面がすき間なく
ぴったり合うようにします。
安定して見た目も
きれいになります。

応用例

3号鉢いっぱいにエケベリアの数を増やしたボリュームのある寄せ植え。後ろ側を少し高くし、のびやかな印象に仕上げました。

寄せ植えレシピ 4

背に飾りのある鉢

鉢に背板や窓、柵などがあるタイプの鉢は、額縁で景色を切り取ったように、多肉植物がくっきり見えるので、前後の高低差をつけた立体感のある寄せ植えがつくれます。さまざまな高さや形の多肉植物を積極的に使って、動きのある作品に仕上げましょう。

ふんわりしたセダムは生長が早いので、増えてきたら蒸れないように少しカットしてあげましょう。

レイアウト

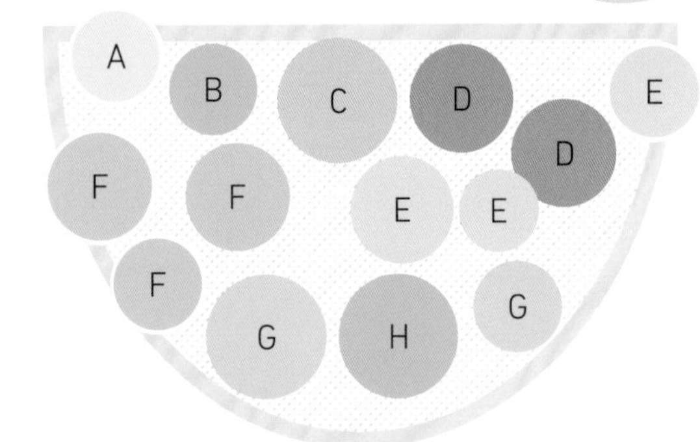

［用意した鉢］

半円形のテラコッタ鉢

（幅10㎝×奥行き8㎝×植え込み部分の高さ11㎝）

［使った多肉植物］

- A パンクチュラータ
- B 若緑
- C ミニベル
- D 南十字星
- E オーロラ
- F プロリフィカ
- G スヨン
- H 桜月

◎飾り用多肉植物

ゴールデンカーペット、パリダム、丸葉万年草

手順

1

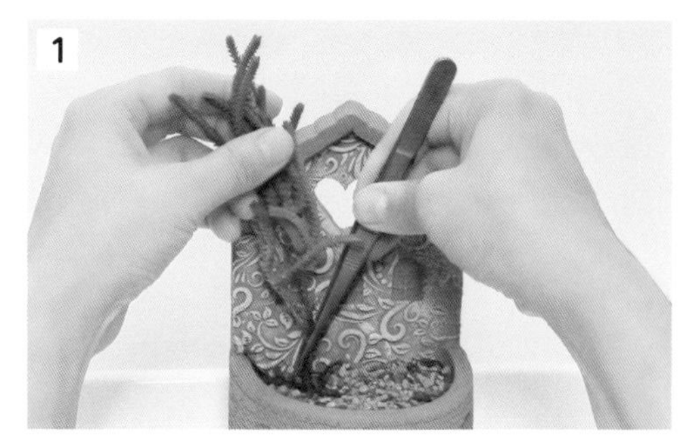

土を鉢に入れ、壁面から背の高い若緑、パンクチュラータを植えていく。空いているほうの手で支えてしっかり挿し込む。

2

多肉植物がぐらつかないように、土をしっかり入れながら挿していく。

3

ミニベルとオーロラを挿す。背面の多肉植物の大きさがある程度揃うと、統一感が出る。

4

南十字星を挿す。端まで丁寧に入れると仕上がりがきれいになる。

5

プロリフィカ、スヨンなど背の低い多肉植物を前面に挿していく。

6

桜月とスヨンを挿し、すき間に飾り用の多肉植物を入れて完成。

応用例

古材を利用した古びた雰囲気の鉢と多肉植物は相性がよく、味わいのある寄せ植えに仕上がります。

寄せ植えレシピ 5

多肉植物のリース

一度はトライしてみたい多肉植物のリース。たくさんの多肉植物を盛り込んだ寄せ植えは華やかで、クリスマス飾りなどに向きます。固まる土、ネルソルを使えば、フックに掛けたり立てかけて飾ったりできるほか、プレゼントにもおすすめです。

レイアウト

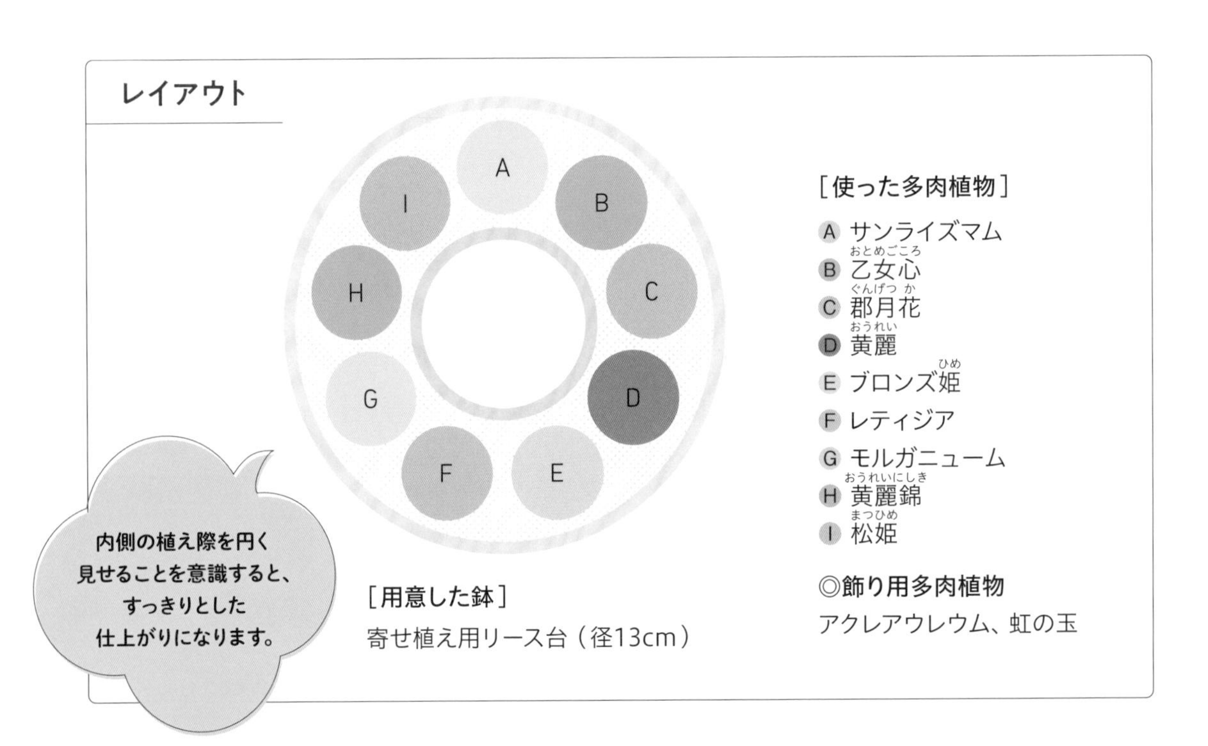

［使った多肉植物］

- A サンライズマム
- B 乙女心（おとめごころ）
- C 郡月花（ぐんげつか）
- D 黄麗（おうれい）
- E ブロンズ姫（ひめ）
- F レティジア
- G モルガニューム
- H 黄麗錦（おうれいにしき）
- I 松姫（まつひめ）

◎飾り用多肉植物

アクレアウレウム、虹の玉

［用意した鉢］

寄せ植え用リース台（径13cm）

内側の植え際を円く見せることを意識すると、すっきりとした仕上がりになります。

〚 手順 〛

1

下葉を整理した多肉植物を、色と形を考えながら仮に並べ、バランスを見る。

2

別のトレイに放射状に順番に並べておく。

3

土をリース台の高さの半分ほど入れて、水で練ったネルソルを縁まで入れていく。

4

リース台を立てたときの上側の位置から、順番に多肉植物を挿していく。

5

挿し終えたら全体のバランスを確認する。

6

アクレアウレウムを、メインの多肉植物の根元に、内側と外側交互にぐるりと挿していく。

7

虹の玉も同様に交互に挿していき、完成。

土を入れた鉢に寄せ植えすると、ネルソルと比べて根を伸ばしやすく長く楽しめます。

寄せ植えレシピ
6

箱庭

小さな鉢の中に、自分だけの庭をつくってみましょう。テーマを決めると、多肉植物選びもワクワク。印象に残っている景色や映画の中のワンシーンを想像しながら、つくる過程も楽しみましょう。ここでは、「秋の庭」をイメージしています。

レイアウト

［用意した鉢］
全円形テラコッタ鉢
（径11㎝×高さ5㎝）

［アイテム］
ミニチュアの家、
動物マスコット、
流木、飾り砂、
飾り用サンゴ

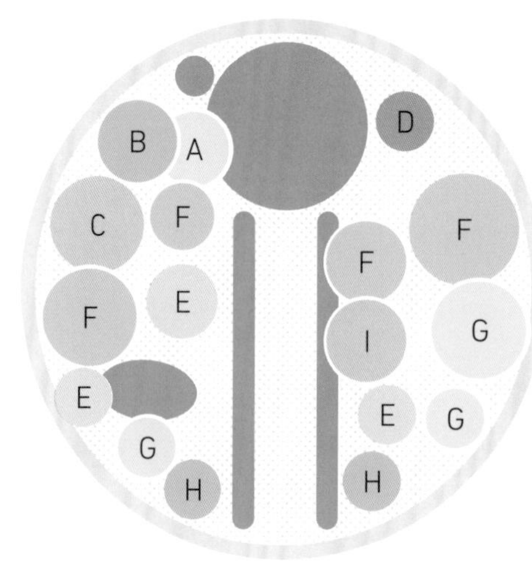

［使った多肉植物］
Ⓐ パンクチュラータ
Ⓑ 姫黄金花月
Ⓒ 黄麗
Ⓓ 星の王子
Ⓔ リトルジェム
Ⓕ 虹の玉
Ⓖ プロリフィカ
Ⓗ エメラルドリップ
Ⓘ レティジア

◎飾り用多肉植物
アクレアウレウム、
ブロウメアナ

手順

1

ミニチュアの家を鉢の奥に配置。家の横に流木を立て、前側に棒を2本置いて道をつくる。道に飾り砂を敷き、マスコットの位置も決めておく。

道の左右に流木を置くと、多肉植物の配置を決めやすくなります。

2

奥側の左右を植える。パンクチュラータと姫黄金花月が高木、黄麗と星の王子が低木のイメージ。最初に植えた植物を基準に、少しずつ高さを下げながら植えていく。

3

左右に、小さな植え込みをイメージして虹の玉などを配置する。

4

手前に、低めの多肉植物を植えていく。ここでは花壇をイメージ。

5

飾り用多肉植物を庭の雑草のイメージで道に少し入れると、奥行きが出て自然な仕上がりになる。

応用例

サボテンやセダムを多く使うと、ナチュラルな印象になります。ミニチュアや貝殻など飾るアイテムも工夫して趣のある庭を演出してください。

寄せ植えレシピ
7

ハンギング

吊るすタイプの鉢は、鉢置きスペースがなくても寄せ植えを飾ることができ、動きのある姿に仕上げられます。ワイヤーや紐が鉢にしっかり取りつけられているか、強度が十分かどうかなど事前に確認しておくと安心です。

ネックレスタイプの
多肉植物は、
日に当たっているほうを
上にして挿します。

レイアウト

C B D E C A

［使った多肉植物］

Ⓐ エンジェルティアーズ
Ⓑ レッドベリー
Ⓒ ピンクベリー
Ⓓ 若緑（わかみどり）
Ⓔ 虹の玉（にじのたま）

◎飾り用多肉植物
黄金丸葉万年草（おうごんまるばまんねんぐさ）、
ドラゴンズブラッド、
ヒスパニクム

［用意した鉢］
取っ手付きリメ缶
（横幅12㎝×奥行き8㎝×高さ8.5㎝）

飾り用多肉植物は、
赤色や黄色を
ポイントとして
加えると効果的。

手順

1 鉢の縁より1.5㎝ほど低く土を入れる。

2 エンジェルティアーズを根がついたまま、鉢の手前に入れて垂らす。根はしっかり押し込み、土を足して安定させる。

3 レッドベリーを左奥に挿す。

4 レッドベリーの隣にピンクベリーを挿す。

5 高さのある若緑、虹の玉を挿す。若緑は木が風に揺らぐ様子をイメージ。

6 鉢の右端にピンクベリーを挿し、根元を押さえ、すき間に飾り用多肉植物を入れて完成。

応用例

玄関やお店のエントランスに飾るウエルカムボード。おもてなしの気持ちが伝わります。ここでは、ポット型の鉢を、釘留めして追加しボリューム感を出しました。

寄せ植えレシピ
8

ユーフォルビアのかっこいい寄せ植え

緑が映えるユーフォルビアだけの寄せ植えです。モダンで落ち着いた雰囲気を前面に出し、土が見える部分は小石を敷いてすっきり仕上げましょう。室内で管理できますが、ときどき日光と風に当ててあげると良好な状態で管理できます。

レイアウト

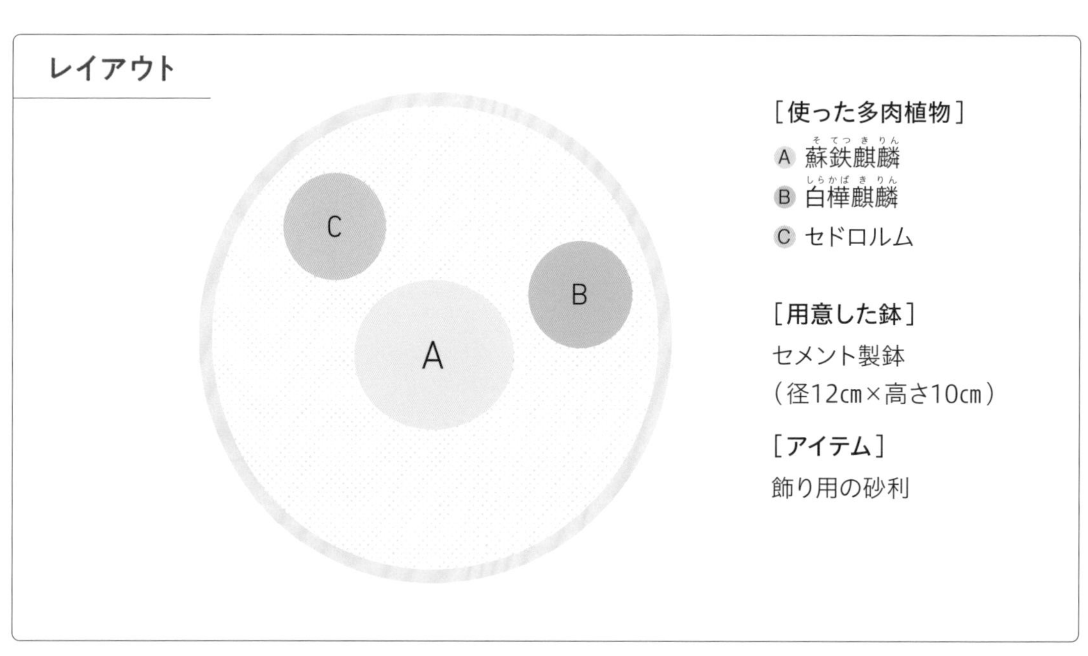

［使った多肉植物］

Ⓐ 蘇鉄麒麟（そてつきりん）
Ⓑ 白樺麒麟（しらかばきりん）
Ⓒ セドロルム

［用意した鉢］

セメント製鉢
（径12㎝×高さ10㎝）

［アイテム］

飾り用の砂利

〚 手順 〛

土を鉢の高さの3分の１ほどまで入れる。

自分の好みの向きに調整して蘇鉄麒麟を持ち、土を足していく。

白樺麒麟を、蘇鉄麒麟の右側に挿す。

セドロルムを、蘇鉄麒麟の後ろ側に挿す。

白樺麒麟とセドロルムを、蘇鉄麒麟の枝の間から見えるようにする。

土を鉢の縁近くまで足し、飾り用の砂利を敷いて完成。

ハオルチアのみを使った「かっこいい寄せ植え」。こちらも室内で管理できます。窓越しの明かりがハオルチアの葉に反射して、美しいこと間違いなし。

寄せ植えレシピ 9

サボテンの寄せ植え

サボテンの個性的な形を活かした寄せ植えです。空き地も意識してすっきり寄せています。ストーリーを考えて植え、自由にマスコットを飾って世界観を出すのも楽しいです。とげでケガをしないように手袋も忘れずに。室内管理が可能です。

レイアウト

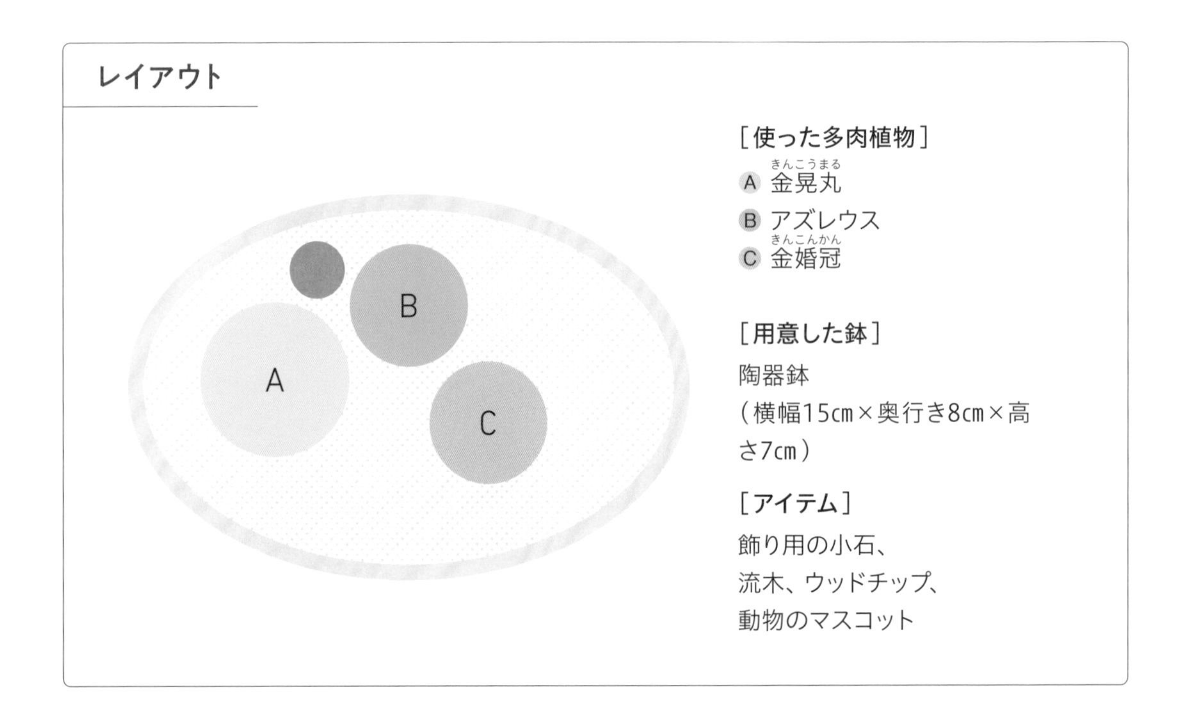

[使った多肉植物]

Ⓐ 金晃丸（きんこうまる）
Ⓑ アズレウス
Ⓒ 金婚冠（きんこんかん）

[用意した鉢]

陶器鉢
（横幅15㎝×奥行き8㎝×高さ7㎝）

[アイテム]

飾り用の小石、
流木、ウッドチップ、
動物のマスコット

手順

1

土を鉢の高さの半分ほど入れる。

2

サボテンの土をはずす。サボテンは根をいじりすぎないように、やさしく落とす。

3

形や色のバランスを考え、配置を決める。

4

土を鉢の縁の近くまで入れて、サボテンを安定させる。

5

流木をサボテンの後ろに挿し、飾り石をすき間なく入れる。

6

ウッドチップを飾る。

7

動物のマスコットを配置してもよい。バランスを確認して完成。

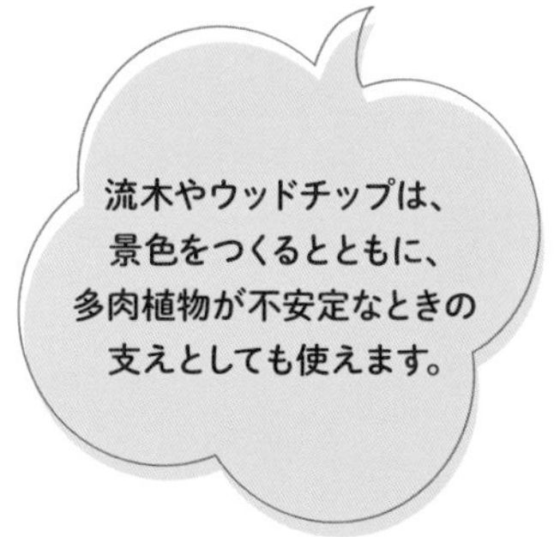

流木やウッドチップは、
景色をつくるとともに、
多肉植物が不安定なときの
支えとしても使えます。

応用例
ミニサボテンと春秋型多肉植物やハオルチアを合わせた例。水やりは、ほかの多肉植物の寄せ植えと同じです。

寄せ植えレシピ 10
アエオニウムを使った寄せ植え

冬型のアエオニウムと春秋型多肉植物は、生育型が違いますが寄せ植えにできます。アエオニウムの高さを活かし、低めの多肉植物を組み合わせて茎を見せるとよいでしょう。最後に添えるセダムの種類を工夫すると足元が楽しくなります。今回は、「和」のイメージで植えています。

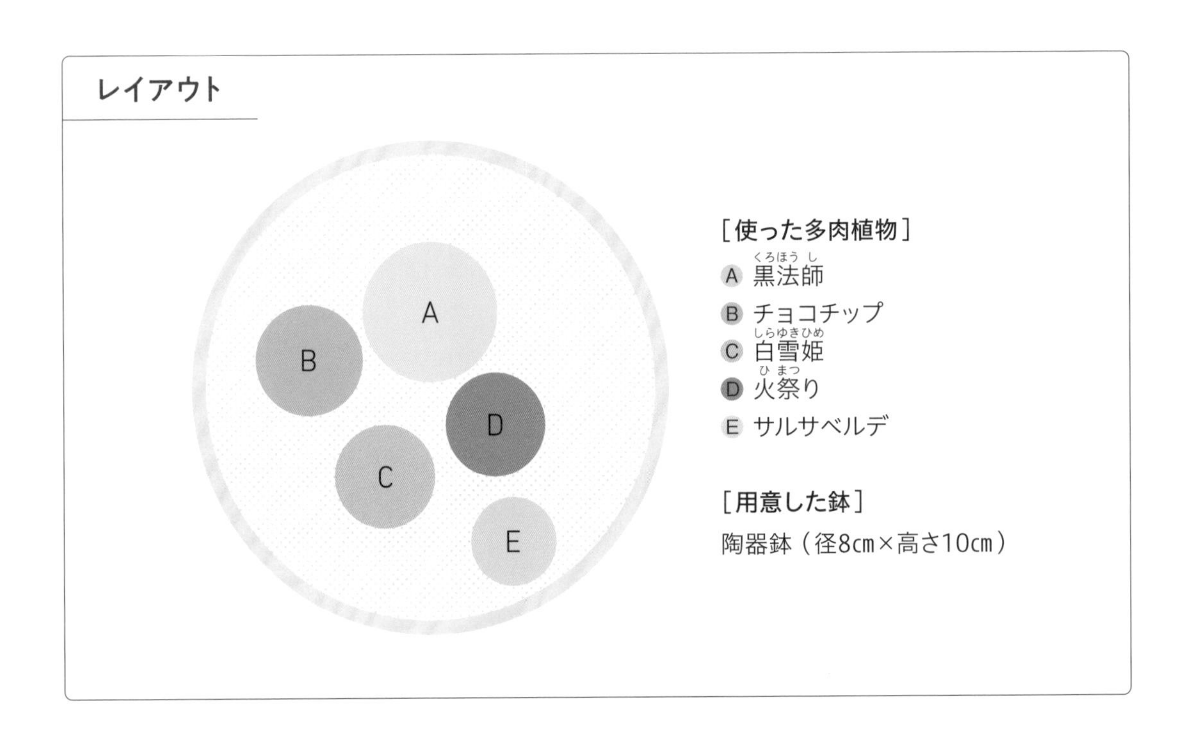

レイアウト

［使った多肉植物］

- Ⓐ 黒法師
- Ⓑ チョコチップ
- Ⓒ 白雪姫
- Ⓓ 火祭り
- Ⓔ サルサベルデ

［用意した鉢］

陶器鉢（径8㎝×高さ10㎝）

手順

1

土を鉢の高さの半分ほど入れる。

2

黒法師とチョコチップを一緒に持ち、高さと位置を決める。

3

土を鉢の縁まで入れて、2株のアエオニウムを安定させる。

4

白雪姫をアエオニウムの左手前に挿す。

5

火祭りを、白雪姫の右側に挿す。

6

サルサベルデは、枝の動きを活かしてやや飛び出し気味に挿して完成。

応用例

大きめのアエオニウムは、背の高い鉢も似合います。若緑など背の高い多肉植物と組み合わせて、大胆に寄せましょう。

寄せ植えレシピ
11

球根植物との寄せ植え

早春、ヒヤシンスやムスカリといった小さめの芽出し球根植物が出回ってきたら、多肉植物と組み合わせてみてはいかがでしょう。春の色と香りが楽しめます。花が咲き終わったあとは、セダムに合わせて管理すれば、翌年も花を咲かせてくれます。

レイアウト

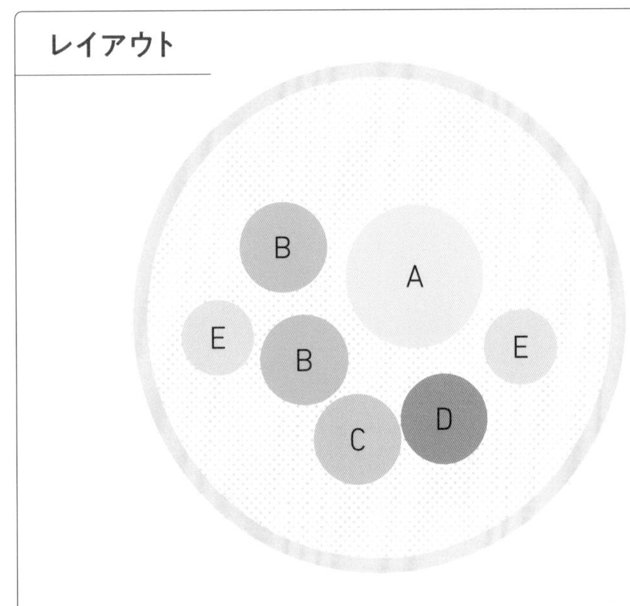

［使った植物］

Ⓐ ヒヤシンス（1株）
Ⓑ ムスカリ（2株）
Ⓒ ピンクプリティー
Ⓓ ホワイトストーンクロップ
Ⓔ 虹の玉

◎飾り用多肉植物
ゴールデンカーペット、パリダム

［用意した鉢］
籐製の編みかご（径12㎝×植え込み部分の高さ12㎝）

［アイテム］
麻布、ココヤシファイバー

手順

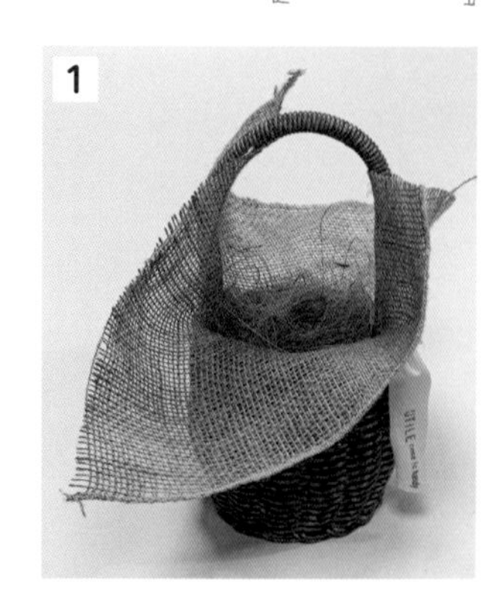

麻布の中央にココヤシファイバーを丸めて置き、かごの中に布を少し折り込みながら押し込む。布の端は好みの高さで。

かごの高さの3分の1くらいまで土を入れる。

球根植物の根に近い部分を親指と人差し指で挟んで、鉢から抜き出す。

かごに球根植物を入れる。縁際まで土を入れながら位置を調整。

球根の根元に、グランドカバーを敷くイメージで飾り用の多肉植物を植えていく。

ピンクプリティー、ホワイトストーンクロップ、虹の玉を球根の根元に配置して完成。

大きめのブリキ鉢に寄せ植えした例。お花畑のように彩り豊かに多肉植物を飾りました。球根を土より少し上に出してもよいでしょう。

寄せ植えのアイデアいろいろ

寄せ植えの楽しみ方は無限大。素敵な鉢を入手したとき、鉢の数が増えてきたときなど、
寄せ植えのよい機会になります。

寄せ植えで脇役のセダムも育つと華やか。１種類でも、2～3種類組み合わせても味わいがあります。

多肉植物の数が増えてきたとき、１つの鉢にまとめて入れると場所を取りません。大きい屋根つきの鉢なら、日よけや水よけの役割も果たしてくれます。

動きのある幹が人気のガジュマルの木と多肉植物の寄せ植え。大きめの木を使って盆栽風にしてもよいですね。

船の形をした鉢。セダムを平たく植えて乙女心を帆に見立てました。多肉植物の種類が少なくても楽しい寄せ植えができます。

いくつもの鉢を合体してひとつにまとめたデザインの鉢。アパートのような賑わいがある寄せ植えになります。

ココヤシファイバーなどを敷いたかごに、小さい鉢を詰めるだけで簡単な寄せ植え風になります。

サボテンを使うと、ボリューム感あるリースになります。

寄せ植えの楽しみと管理

COLUMN

生長した姿を想像して植えるのも、寄せ植えの楽しみのひとつです。つくった寄せ植えは、可能であれば軒下などに置き、まずは週1回の水やりを1か月続けてみてください。エケベリアは特に問題なさそうだけれど、セダムは縮れてきて水を欲しそう、といった様子が見て取れたら、次の水やりまでの間に土の表面が少し濡れて翌朝には、乾く程度の水をさらっと追加で1回あげてみてください。こうすると、週1回のメインの水やりを変えずに管理できます。

半年ほど経過した寄せ植え。

オリジナルのリメイク鉢づくり

100円ショップで売っている素焼き鉢やカッティングボードなどを使ってリメイク鉢づくりにトライしてみましょう。

素焼き鉢をリメイク

［ 手順 ］

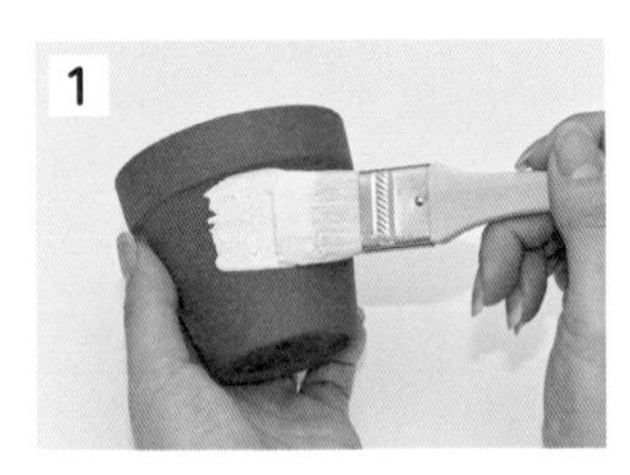

素焼き鉢にベース塗料を塗る。

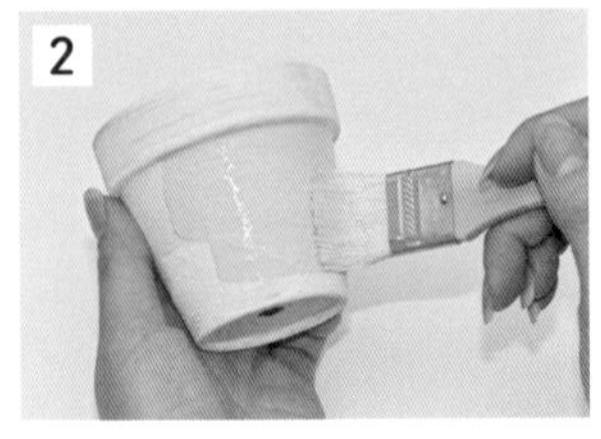

ベース塗料が乾いたら、ベージュ色の水性塗料を塗る。

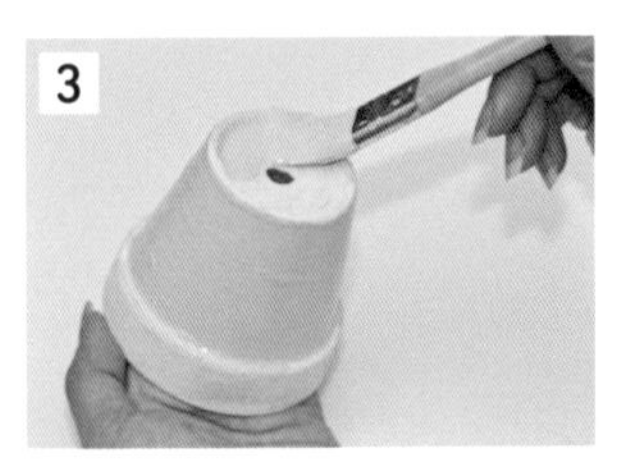

鉢の内側に手を入れて逆さにすると、鉢の下側や底を塗りやすい。

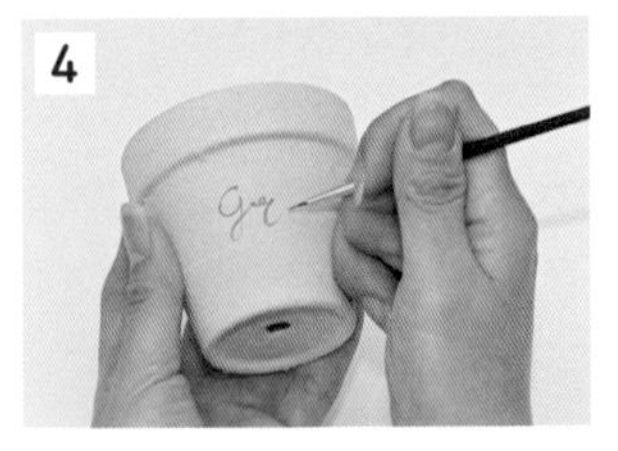

水性塗料が乾いたら、筆で緑色の水性塗料で文字を書く。

乾燥させて完成。

素焼き鉢に塗料を塗って、オリジナルの鉢をつくります。ここでは、初心者向けにシンプルな手順を紹介します。イラストやステンシルを施してもいいですね。

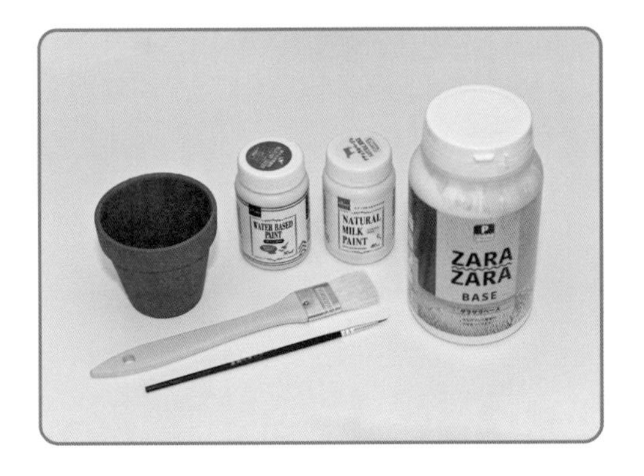

［準備するもの］

素焼き鉢（2.5号）
はけ、筆
ベース塗料
水性塗料（今回は2色準備）

カッティングボードのハンギング

ハンギングタイプの板づけのリメ缶です。工具を使うので、ケガをしないように気をつけましょう。

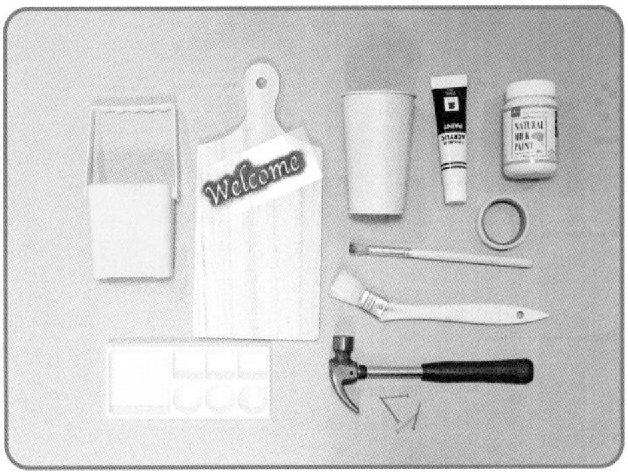

［準備するもの］

- カッティングボード
- 缶
- ステンシルシート
- マスキングテープ
- アクリル絵の具
- 水性塗料
- 筆、はけ
- 水入れ
- パレット
- 金づち
- 釘

〚 手順 〛

1

缶の底に、釘と金づちで穴を空ける。

2

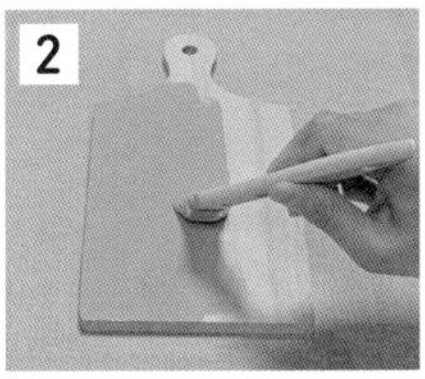

カッティングボード全面に、水性塗料を塗り乾燥させておく。

3

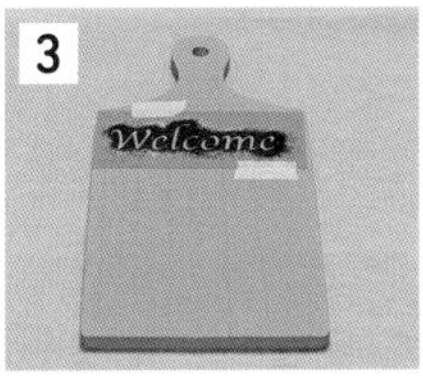

ステンシルシートを当てて位置を決め、マスキングテープで留める。

4

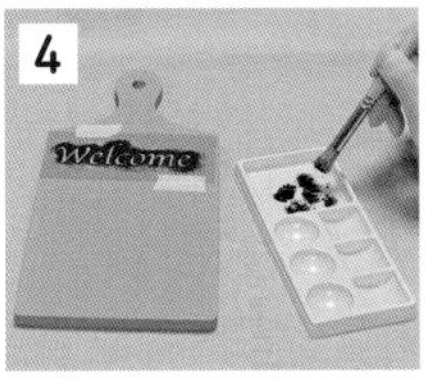

アクリル絵の具をパレットに出し、筆につける。パレットの空いているところで、筆先に絵の具をなじませる。

5

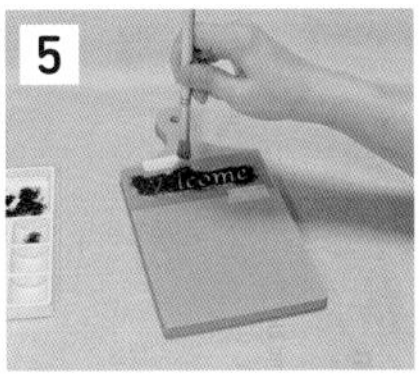

垂直に筆を持ち、軽くたたくようにシートの上から絵の具をつけていく。絵の具が足りなくなったら手順4～5を繰り返す。

6

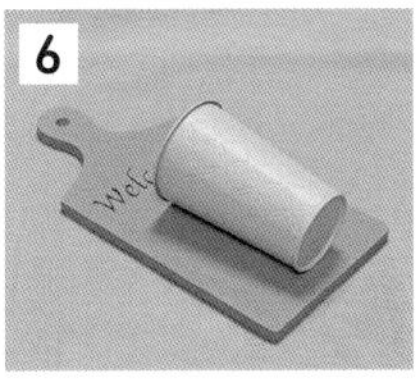

缶をつける場所を決める。

7

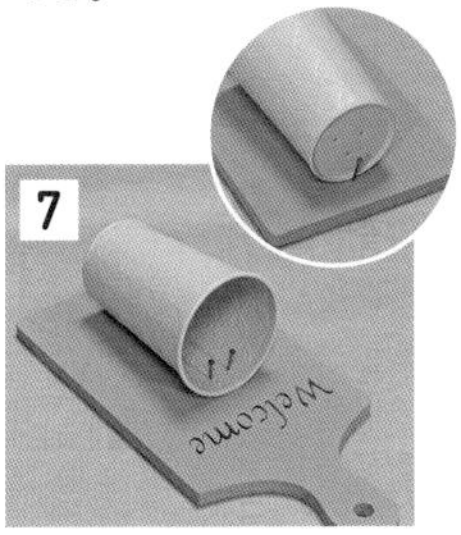

カッティングボードに、釘で缶を打ちつけて固定する。底側にも打っておくとよい。

8

完成。

寄せ植えを盛り上げるアイテム

土の上に置いたり挿したりするだけ。好きなアイテムを1つ鉢に加えるだけで雰囲気が出ますし、多肉植物に合わせてストーリーをつくり出すことができます。

ミニチュアの家や自動車は、箱庭や街並みを再現するのに欠かせないアイテムです。夜に灯りがともる窓の向こうにどんな人々が住んでいるか、想像するのも楽しいですね。

小さな多肉植物に合わせてつくられた手のひらサイズの鉢。きちんと底穴が空いているものも多いので水やりも安心です。大きな鉢の寄せ植えに飾りとして加えると、豪華な印象になります。

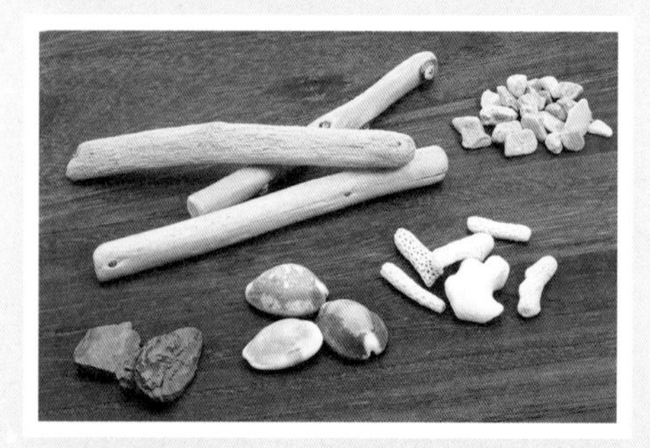

小さな流木の枝や貝などの自然素材は、植物とのなじみもよく、海辺の景色をつくったり、山の景色をつくったりといろいろなシーンで使えます。

動物や街灯や標識……いろいろなピックが売られています。葉のすき間から少しのぞかせてもおしゃれな印象になります。根が不安定なときは支えにも使えます。根を傷めないようにそっと挿してください。

多肉植物と同じくらいか、さらに小さいマスコット。窓辺に飾るサボテンには誰を入れましょうか？　箱庭などで、多肉植物を森に見立て、動物が遊んでいるように置くと、楽しい世界が広がります。

第3章

多肉植物カタログ

多肉植物カタログの見方

本章では、園芸店などでよく見かける多肉植物を中心に、それぞれの植物の特徴や魅力を、属や仲間ごとに紹介しています。なお、多肉植物は季節によって葉の色など姿が変わることがあります。

それぞれの属や仲間の特徴、魅力を紹介しています。

属や仲間を取り上げています。

エケベリア属

Echeveria

たくさんの葉をつけ、バラの花が咲いたような姿をしています。このように株の中央から放射線状に葉を広げる形をロゼットといいます。冬の紅葉は、真紅やピンク色、オレンジ色、紫色や黄色など色とりどりです。芸術作品のように華やかで美しい姿に惹かれて、多肉植物に関心を持ち始める人も多いようです。1鉢ずつ育てたり寄せ植えにしたりと、楽しみ方はいろいろです。また、葉先の鋭くとがった部分を「爪／ティップ」と呼び、この部分の美しさも鑑賞ポイントです。近年交配が進み、相次いで新しい品種が作出されています。

原産地	メキシコや中米の高地など
科　名	ベンケイソウ科
育てやすさ	★★★
越冬温度	0℃以上
主な生育型	春秋型

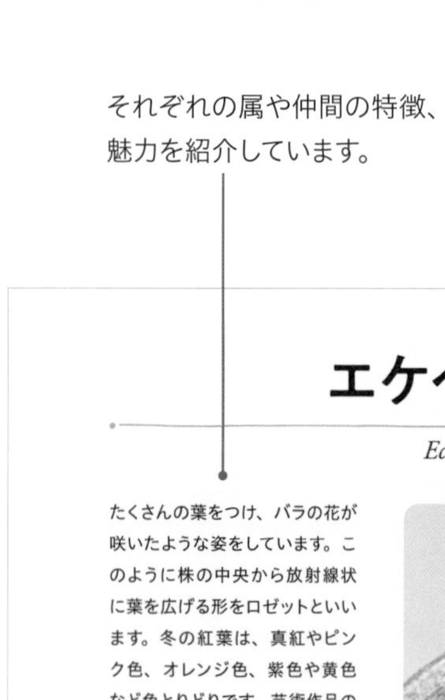

ヒューミリス

育て方のポイント

【置き場所】 雨ざらしにせず、日当たりと風通しのよい屋外に置きます。真夏は日よけが基本です。
【水やり】 週に1回を目安に水やりします。株の中心に水が残ると、焼けたり傷んだりするのでブロワーなどで水を飛ばします。
【お手入れ】 鉢に植えるときに、顆粒状の殺虫剤を土に適量混ぜておくと安心です。

初心者におすすめのエケベリア3種

育てやすく、形も安定して美しい定番の3品種です。

七福神（しちふくじん）

桃太郎（ももたろう）

ラウリンゼ

78

初心者におすすめの品種や、着目ポイントを紹介しています。

育て方のポイントをまとめています。

育てるときに知っておきたい基本データです。
原産地：主な原産地です。
科　名：科は属より1つ上のランクの分類階層で、ここで紹介する属が含まれる科を記しています。
育てやすさ：緑色の星の数で育てやすさを示しています。星3つは初心者でも育てやすいもの、星2つは品種によって育てるときに注意が必要なものです。
越冬温度：冬季に耐えられる最低温度です。本書では、関東地方以西を基準に考えていますが、環境によって変動があります。
主な生育型：紹介している品種の生育型です。

生育時期によって分類される生育型です。
春夏型　夏型　冬型 の3つがあります。環境や気候の変動により生育状況が変わりますので、目安としてください。

一般的な品種名です。基本的に五十音順に並べていますが、比較して紹介したい場合など一部入れ替えがあります。

学名です。

それぞれの多肉植物のチャームポイントです。お店で探すときの目安にもなります。

それぞれの多肉植物の特徴や魅力を紹介しています。

第3章　多肉植物カタログ［エケベリア属］

アボカドクリーム
Echeveria 'Avocado Cream'

春秋型

むっちりした葉

ぷっくりと厚みのある葉の先に小さな爪があります。全体に丸いフォルムをしています。

青い渚（あおなぎさ）
Echeveria setosa var. *minor*

春秋型

白い毛におおわれた姿

白い産毛のような微毛に包まれ、繊細で美しい見た目をしています。蒸れに弱いので風通しと水やりに配慮します。

アルバ
Echeveria elegans 'Alba'

春秋型

透明感のある葉色

葉は透明感のある薄緑色で、育て方によっては白っぽくなります。しっかりした葉の形も特徴のひとつです。

アリエル
Echeveria 'Ariel'

春秋型

ふっくらした姿

肉厚な葉で、紅葉時（写真）には株全体がピンク色に美しく染まります。育てやすい品種です。

エレガンス
Echeveria 'Elegans'

春秋型

葉の縁が半透明

コロンとした丸いフォルムで、中心部分が少しつぶれたように横長に見えます。別名「月影（つきかげ）」。

エメラルドリップル
Echeveria 'Emerald Ripple'

春秋型

エメラルド色の葉

はっきりとした緑色がさわやか。パリッとした葉先の少しとがった爪にも着目。「エメラルドリップ」とも呼びます。

79

多肉植物の人気上昇に伴い、交配が加速しています。
本書で紹介している以外にも、かわいい姿や育てやすい品種、意外な属どうしの交配や交配親の組み合わせなどが増え、さまざまな品種が登場してくることが予想されます。
交配品種は、交配親の特徴を兼ね備えているので、元となる品種をチェックすると育てるときの手助けになります。

学名について

学名は世界共通の名前で、「属名＋種小名」の2つの名で構成し、ラテン語で表記します。
さらに、色が違うなど少しの違いを品種として扱う場合は、f.（formaの略）などをつけて表記します。

f.：品種。formaの略　　**var.**：変種。 variety（varietas）の略
ssp.：亜種。 subspeciesの略　　**sp.**：speciesの略。種小名が不明な場合

なお、交配してつくられた園芸品種名は‘ ’で表記しています。属名や種小名などは斜体で、f.などや園芸品種名は正体（傾けない書体）で記します。本書では複数の資料を基に紹介していますが、複数の学名を持つ場合があります。また、学名は変更される場合も多いことをご了解ください。

例

青い渚
Echeveria *setosa* var. *minor*
↑属名　↑種小名　↑変種名

アリエル
Echeveria 'setosa'
↑属名　↑園芸品種名

エケベリア属

Echeveria

たくさんの葉をつけ、バラの花が咲いたような姿をしています。このように株の中央から放射線状に葉を広げる形をロゼットといいます。冬の紅葉は、真紅やピンク色、オレンジ色、紫色や黄色など色とりどりです。芸術作品のように華やかで美しい姿に惹かれて、多肉植物に関心を持ち始める人も多いようです。1鉢ずつ育てたり寄せ植えにしたりと、楽しみ方はいろいろです。また、葉先の鋭くとがった部分を「爪／ティップ」と呼び、この部分の美しさも観賞ポイントです。近年交配が進み、相次いで新しい品種が作出されています。

原産地	メキシコや中米の高地など
科　名	ベンケイソウ科
育てやすさ	★★★
越冬温度	0℃以上
主な生育型	春秋型

ヒューミリス

育て方のポイント

【置き場所】 雨ざらしにせず、日当たりと風通しのよい屋外に置きます。真夏は日よけが基本です。

【水やり】 週に1回を目安に水やりします。株の中心に水が残ると、焼けたり傷んだりするのでブロワーなどで水を飛ばします。

【お手入れ】 鉢に植えるときに、顆粒状の殺虫剤を土に適量混ぜておくと安心です。

初心者におすすめのエケベリア3種

育てやすく、形も安定して美しい定番の3品種です。

七福神（しちふくじん）

桃太郎（ももたろう）

ラウリンゼ

アボカドクリーム

Echeveria 'Avocado Cream'

むっちりした葉

ぷっくりと厚みのある葉の先に小さな爪があります。全体に丸いフォルムをしています。

青い渚（あおいなぎさ）

Echeveria setosa var. *minor*

白い毛におおわれた姿

白い産毛のような微毛に包まれ、繊細で美しい見た目をしています。蒸れに弱いので風通しと水やりに配慮します。

アルバ

Echeveria elegans 'Alba'

透明感のある葉色

葉は透明感のある薄緑色で、育て方によっては白っぽくなります。しっかりした葉の形も特徴のひとつです。

アリエル

Echeveria 'Ariel'

ふっくらした姿

肉厚な葉で、紅葉時（写真）には株全体がピンク色に美しく染まります。育てやすい品種です。

エレガンス

Echeveria elegans

葉の縁が半透明

コロンとした丸いフォルムで、中心部分が少しつぶれたように横長に見えます。別名「月影（つきかげ）」。

エメラルドリップル

Echeveria 'Emerald Ripple'

エメラルド色の葉

はっきりとした緑色がさわやか。パリッとした葉先の少しとがった爪にも着目。「エメラルドリップ」とも呼びます。

オリオン
Echeveria 'Orion'

深みのあるカラー

株が充実すると深いブルーの葉になり、赤いエッジが映えます。この深みと透明感のある色に惹かれる人も多くいます。

オウンスロー
Echeveria 'Onslow'

ぎっしり重なる葉の紅葉が美しい

薄葉で葉数が多く、群生します。冬にピンク色からオレンジ色へと美しく紅葉します。

カンテ
Echeveria cante

薄い葉に真っ白な粉

堂々とした美しい姿から「エケベリアの女王」とも呼ばれます。白い粉は日差しから葉を守るためです。下葉が枯れてきたときは無理に取らず、カラカラに乾いてからはずすとよいでしょう。

コロラータ
Echeveria colorata

美しく優れた品種

粉をまとい爪が美しい優れた品種で、多くの交配種の親になっています。色のバリエーションが豊富です。

ギルバのバラ
Echeveria 'Gilva-no-bara'

真っ赤な小さな爪

小さな赤い爪をつけた葉が、すき間なく重なります。ロゼットの中心部分が、上に伸びたような姿になりやすいのも特徴。

サブコリンボサラウ030
Echeveria 'Subcorymbosa Lau 030'

小さなロゼットが群生
小型のエケベリアで、肉厚の葉を重ね、短い茎に子株を出し群生します。夏の蒸れに注意しましょう。

サブセシリス
Echeveria peacockii 'Subsessilis'

ブルーグレーの薄葉
透明感のある淡い色の葉は、薄く幅があり内巻きにつきます。冬には葉の縁がピンクに紅葉します。

ザラゴーサ
Echeveria cuspidata var. *zaragozae*

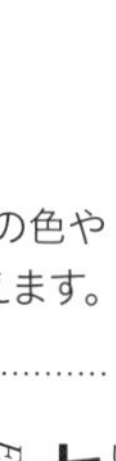

小さく赤黒い爪
小さく細い葉が密につき、鋭く赤黒い爪が特徴。葉の色や形にバリエーションがあります。写真には花芽が見えます。

ジェイドポイント
Echeveria agavoides 'Jade Point'

ツヤのあるシュッとした葉
ツヤがあり、キリリとした形のよいグリーンの葉が人気。季節になると葉裏が赤く紅葉します。

七福神(しちふくじん)
Echeveria secunda

丸い薄葉が重なる
安定感のある美しい姿から広く愛され、1つは持っておきたい品種です。家の軒先に鉢植えが置いてあるのもよく目にします。

七福美尼(しちふくびに)
Echeveria 'Shichifuku-bini'

ピンク色のとがった爪
コロンとした姿で、あまり大きくならず群生します。爪はピンク色、葉裏もピンク色に紅葉します。

シャビアナ

Echeveria shaviana

ひらひらした薄葉

フリルのような薄葉が特徴的です。ピンク色から紫色までバリエーションが豊富で、本種の観賞ポイントのひとつです。葉の縁のフリルの形状は、個体や育て方で変わります。別名「祇園の舞」。

白雪姫（しらゆきひめ）

Echeveria 'Shirayukihime'

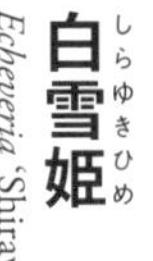

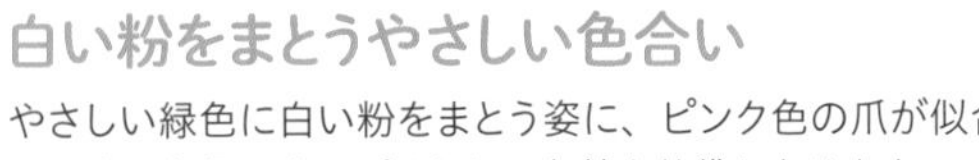

白い粉をまとうやさしい色合い

やさしい緑色に白い粉をまとう姿に、ピンク色の爪が似合います。冬場は白っぽくなり、名前を彷彿とさせます。

シャビアナ ピンクフリルズ

Echeveria shaviana 'Pink Frills'

ピンクのプリンセス

フリル系のエケベリアの中でも人気が高く、特に紅葉したピンク色は、いつまでも見ていたいかわいさ。

シルエット

Echeveria 'Silhouette'

透明感のあるピンク色

透明感のあるピンク色と丸みのある形から、圧倒的な人気を持つ品種です。写真には花芽が見えます。

シャンペーン

Echeveria 'Champagne'

格調高い姿

品のある肉厚な姿がトレードマーク。育つと葉にウォーターマークと呼ばれる白い模様が浮かびます。

スヨン
Echeveria 'Suyeon'

鮮やかに紅葉する

平たい葉のロゼットが集まった姿で木立ち性。寄せ植えにも使えます。緑色の葉（円内）がピンク色に紅葉します。

スノーバニー
Echeveria 'Snow Bunny'

青白い姿

アイシングされたお菓子のように白い粉をまとった美しい姿です。寒暖の差が激しいと、ほんのり紫に色づきます。

想府蓮（そうふれん）
Echeveria agavoides 'Soufren'

赤い蓮の花のような姿

赤く美しい紅葉が見事です。一度手にすると、いくつも育てたくなる品種。名前の漢字表記はいくつかあります。

静夜（せいや）
Echeveria derenbergii

透明感がある葉

ロゼットが美しい小型のエケベリアの代表。上品な色合いで、交配種の親としても人気が高い品種です。

ツルギダ
Echeveria turgida

葉裏にラインが入る

爪から伸びた葉裏の稜線（りょうせん）（円内）が目印。硬質な印象を持つ葉で、端正なロゼットになります。

チワワエンシス
Echeveria Chihuahuensis

丸い葉に赤い爪

整ったロゼットに赤く鋭い爪を持ち、エケベリアの代表格のひとつです。人気品種の交配親としても知られています。

トップシータービー
Echeveria runyonii 'Topsy Turvy'

特徴あるキュートな葉姿
「逆さま」という名を持つエケベリア。葉がそり返り、葉先がハート形にも見えるユニークな姿をしています。

ティッピー
Echeveria 'Tippy'

ワンポイントの赤い爪
薄い緑色の舟形の葉で、紅葉時に葉先の鋭い爪が赤くなります。スッとした姿のエケベリアです。

ネオンブレーカーズ
Echeveria 'Neon Breakers'

ピンク色のフリル
長い薄葉がフリルで縁取られます。夏の葉色は淡いブルーでエッジがピンク色、紅葉時はピンク色に染まります。

トランペットピンキー
Echeveria 'Trumpet Pinky'

キュッと巻いた筒型の葉
筒形の葉はまさにトランペット。四方に音を鳴り響かせるように葉を広げます。紅葉色のピンクが鮮やか。

パールフォンニュルンベルグ
Echeveria 'Perle Von Nürnberg'

パープルピンクの葉色
冬になるとくすんだ緑色がパープルピンクに色づきます。寄せ植えの主役にふさわしい高貴な印象です。

野(の)バラの精(せい)
Echeveria 'Nobara-no-sei'

通年変わらぬ顔
1年を通して葉色は変化せず、色づくのは爪の先だけです。群生しやすいのも特徴です。

花うらら（はなうらら）
Echeveria pulidonis

春秋型

赤いエッジ

緑色の葉に赤いエッジが目立つ、オーソドックスなエケベリアです。別名「プリドニス」。

白鳳（はくほう）
Echeveria 'Hakuhou'

春秋型

存在感あふれる姿

大きな葉を持ち、多肉植物らしい肉厚感があります。堂々とした立派な姿に生長します。

ハムシー
Echeveria harmsii

春秋型

ビロードのような葉

緑の葉全体が白い毛でおおわれ、エッジは深紅色です。立ち木性で、脇芽をたくさん出し群生します。

花月夜（はなづきよ）
Echeveria 'Hanazukiyo'

春秋型

透明感のある葉

葉が菊の花のように展開したロゼットが美しく、寄せ植えでも主役に使えます。和名は「かげつや」とも読みます。

エケベリアの花茎

エケベリアは春先に長い花茎（花軸）を伸ばし、先端にオレンジ色や黄色の花をいくつもつけます。花が終わった茎は、6～7㎝ほど残して切り取り、枯れ枝のようになってから引っ張ると簡単に取れます。

観賞や交配などの目的がない場合は、ロゼットの型崩れを防ぐため花が咲く前に早めに花茎をカットすることもあります。

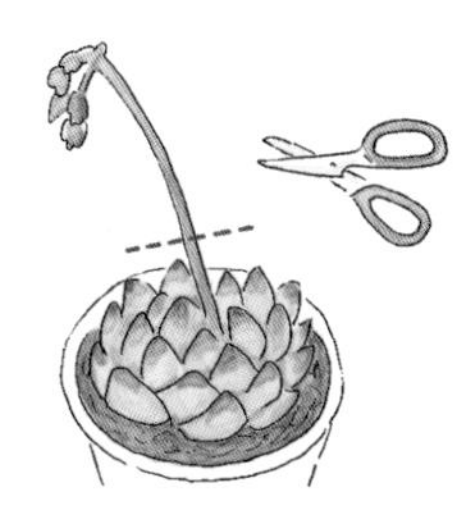

ピーチプリデ

Echeveria 'Peach Pride'

大きな丸い葉

大きく丸い葉は淡い緑色、紅葉時に名前のとおり桃色になります。大きく育ち、寄せ植えにも向きます。

ヒアリナ

Echeveria hyalina

薄い葉がつくり出すロゼット

ひらひらした葉が密に重なり、美しくコンパクトなロゼットになります。葉は紅葉すると紫色が増します。

ブラウンローズ

Echeveria 'Brown Rose'

珍しいブラウンカラー

紅葉するとピンクブラウンに染まります。エケベリアの中でも、特にバラの花を連想させるロゼットをしています。

ヒューミリス

Echeveria humilis

透き通るような白

プリンセスをイメージさせる白さが魅力。紅葉するとほんのりピンクに染まって（写真）、さらに美しくなります。

プロリフィカ

Echeveria prolifica

小さなロゼット

夏はやや薄い緑色（円内）をしており、冬の紅葉時は美しいピンク色に染まります。ロゼットは小さく、群生します。

ブルーバード

Echeveria 'Blue Bird'

粉をまとう青い葉

粉をまとった青みがかった葉が、青い鳥のように広がります。紅葉すると、外側からピンク色に色づきます。

マリア
Echeveria 'Maria'

春秋型

印象的なやさしさ
淡い緑色とほんのりピンク色の葉。やさしいフォルムと色のバランスがよい、癒し系のエケベリアです。

マディバ
Echeveria 'Madiba'

春秋型

うねるとがった葉
エケベリアの中でも珍しく葉の縁がだんだんうねってきます。生長するとウェーブとフリルがさらに際立ちます。

ミニマ
Echeveria minima

春秋型

小型種で群生する
ブルーグリーンの葉はぎっしりと詰まり、爪先は赤くとがります。交配親として知られます。写真には花茎が見えます。

ミニベル
Echeveria 'Minibelle'

春秋型

木立ちし、赤みを帯びる
シャンパングラスのように幹が長くなり木立ちします。高さや葉の長さを生かして変化のある寄せ植えがつくれます。

メキシカンジャイアント
Echeveria 'Mexican Giant'

春秋型

長くふっくらした白葉
ふっくらした形状の白い粉をまといます。エケベリアの中でも、特に長い葉を持ち大きく育ちます。交配種の親として人気です。大きく育つと存在感も増し、夜の庭で白く浮かび上がる姿は幻想的な美しさがあります。

桃太郎（ももたろう）
Echeveria 'Momotaro'

淡い緑色に桃色の爪
本種からエケベリアの魅力に目覚める人も多く、完璧な形と爪の美しさを誇ります。

女雛（めびな）
Echeveria 'Mebina'

小型で群生する
ロゼットが美しい小さな品種。よく増えて群生するので、育てるのが楽しいです。

大和美尼（やまとびに）
Echeveria 'Yamatobini'

ツヤ感がある葉
大和錦とミニマ（→P.87）の交配種で、大和錦よりもツヤ感があります。ミニマの明るい色みを受け継いでいます。

大和錦（やまとにしき）
Echeveria purpusorum

褐色の葉に暗い斑点（はんてん）模様
肉厚で硬質。渋い風合いのエケベリアで、植物離れした色と形に魅せられます。別名「パープソルム」。

エケベリアの交配について

自分でエケベリアを受粉させ、そこで実った種子から育てるという熱心なファンも増えています（種苗法には留意）。初心者の方は原種を意識して使ってみるとよいでしょう。多肉植物の交配種は基本的に挿し木などで増やされることが多く、種子が実るかどうかはあまり考えられていないため、交配種同士の掛け合わせは上手くいかないことが多いのです。
エケベリアの交配は、原種どうしを使うと発芽する確率が高いです。コロラータ系やエレガンス系、シムランスやヒアリナ、リラシナあたりは姿も美しく交配が非常に簡単なのでおすすめです。（匠）

エケベリアの交配の例。想府蓮×黒爪ザラゴーサ（左）と想府蓮×メキシカンジャイアント（右）。

ラウリンゼ
Echeveria 'Laulindsa'

上品で端正な姿
ラウイーとリンゼアナ（→P.90）の交配種で、白い粉と端正なロゼットを受け継いでいます。大型になりやすい品種です。

ラウイー
Echeveria laui

ぷっくりとした葉に白い粉
白い粉を全身にまとう姿は、白いエケベリアの代表としての風格があります。多くの交配種の親になっています。

ラズベリーアイス
Echeveria 'Raspberry Ice'

透明感のある緑とピンク
紅葉すると、ピンク色のグラデーションがとってもキュート。色合いと丸みが人気の秘密。

ラウル
Echeveria 'Raul'

むっちりしたロゼット
小さくコロンとした肉厚の丸葉で、木立ちします。群生しやすいです。

リラシナ
Echeveria lilacina

フェミニンな姿
お嬢様と言いたくなるようなフェミニンな姿と色合い。少し薄葉で繊細なカップ状のロゼットをしています。

ラブリーローズ
Echeveria 'Lovely Rose'

まさしくバラのような姿
バラにちなんだ名前で、肉厚な葉のロゼットがまさにバラのつぼみのようです。

リンゼアナ

Echeveria 'Lindsayana'

赤いエッジがさらに色濃く紅葉

つややかな緑色の葉に、縁の赤色が映える印象的な姿です。紅葉すると縁の色が濃くなります（写真）。

ルブラ

Echeveria agavoides 'Rubra'

先が長くとがった葉

肉厚で細長くとがった葉先をしており、紅葉すると葉が真っ赤になります。ルブラはラテン語で「赤」の意味です。

ルノーディーン

Echeveria 'Lenore Dean'

斑（ふ）入りエケベリアの代表格

緑に白の斑のバランスがよく人気があります。夏に弱いので要注意。別名「コンプトンカルーセル」。

レインドロップス

Echeveria 'Raindrops'

葉のコブがおもしろい

葉の表に丸いコブが出る特徴的な姿。単品植えに向いています。最近よく出回るようになりました。

ルンヨニー

Echeveria runyonii

少し角ばった葉

葉の先端が広めで角ばった印象です。ロゼットがかわいらしく、丈夫で育てやすいので初心者にもおすすめです。

ローラ
Echeveria 'Lola'

気品がある色白の姿
淡い色合いが魅力で、夏は白に薄緑色、冬はピンクグレーが入ります。先端にかけて広がるなだらかな爪が特徴。

レズリー
Echeveria 'Rezry'

木立ちするスマートなタイプ
上に伸び木立ちします。夏は白っぽく、紅葉するとピンク色になります。育てやすく、背の高い寄せ植えにも向きます。

ロメオルビン
Echeveria agavoides 'Romeo Rubin'

すばらしく赤い葉
宝石のルビーのような深い赤色をしたツヤのある葉にピンと伸びた爪が目を引きます。暑さに弱いので、夏は日陰で管理しましょう。

仙女杯（せんにょはい）
Dudleya brittonii

白く大きな株
やや中央部分が広い先のとがった葉は白い粉をまとい、美しく気品のある姿をしています。多肉植物の中でいちばん白いといわれることもあります。大きく育ってくると幹が立ちあがってきます。直径30～50㎝になるといわれます。別名「ブリトニー」。ダドレア属の中でも人気が高い品種です。

エケベリアの属間交配種

ここでは次の仲間を紹介します。

- **グラプトベリア属**
  エケベリアとグラプトペタルムの属間交配種
- **パキベリア属**
  エケベリアとパキフィツムの属間交配種
- **セデベリア属**
  エケベリアとセダムの属間交配種

オパリナ

Graptoveria 'Opalina'

グラプトベリア属

青みがかり白い粉をまとう

白い粉をまといピンク色や青みを帯びた色の葉は、ぷくぷくとつややかにふくらみます。

春秋型

トプシーデビー

Graptoveria 'Topsy Debbi'

グラプトベリア属

ピンク色がかった長い葉

内側に折り返したような長い葉をしています。1年を通してピンク色がかった紫色をしています。

デビー

Graptoveria 'Debbi'

グラプトベリア属

華やかな赤紫色

目を引く鮮やかな赤紫色が印象的で人気が高く、寄せ植えの主役にもぴったりです。

春秋型

初恋（はつこい）

Graptoveria 'Douglas Huth'

グラプトベリア属

ピンクのグラデーション

葉はピンク～紫色。形が朧月（おぼろづき）（→P.97）に似ており、少し大きく生長します。別名「パープルキング」。

白牡丹（はくぼたん）

Graptoveria 'Titubans'

グラプトベリア属

白くしまったロゼット

白くしまったロゼットが美しく、見た目は繊細ですが、丈夫で育てやすい品種です。

ピンクルルビー

Graptoveria 'Bashful'

グラプトベリア属

ルビーのように赤く紅葉

紅葉時は濃いピンク色となります。小さめですが、寄せ植えに入れると存在感があります。

ピンクプリティ

Graptoveria 'Pink Pretty'

グラプトベリア属

肉厚で紅葉はピンク色

葉の展開が規則正しく肉厚です。紅葉すると名前のようにピンク色になります。

エンジェルフィンガー

Pachyveria 'Angel Finger'

パキベリア属

ツンととがった葉

ムチプリ（ムチムチプリプリの略）といわれる小さな指のような葉。「エンジェルスフィンガー」とも呼びます。

マーガレットレッピン

Graptoveria 'Margarete Reppin'

グラプトベリア属

モコモコと群生する

密な短めの葉っぱの先がツンととがり、多くの子株をつけて群生します。

立田（たつた）

Pachyveria 'Cheyenne'

パキベリア属

木立ちし群生しやすい

ブルーグレーの葉に淡いピンク色の縁取りがあり、一見エケベリアに見えます。入手しやすい品種です。

霜の朝（しものあした）

Pachyveria 'Powder Puff'

パキベリア属

気品のある青白い葉

ふっくらとした長い葉は青白く、白い粉をまといます。入手しやすいのも魅力。別名「パウダーパフ」。

群月花（ぐんげつか）

Sedeveria 'Spring Jade'

セデベリア属

コンパクトで美しいロゼット

白っぽいグリーンの丸みのある葉。小さな苗でも出回っていて、寄せ植えにも向きます。

グリーンローズ

Sedeveria 'Green Rose'

セデベリア属

さわやかな黄緑色

薄い葉は育つとカップ状になり、木立ちします。ギュッとしまったバラのようにかわいいロゼットになります。

樹氷（じゅひょう）

Sedeveria 'Silver Frost'

セデベリア属

先がとがったプリプリの葉

比較的強健です。うっすら白い粉をまとう葉はとがっており、寄せ植えのアクセントになります。

属間交配種とは

異なる属の間で交配を行うことを「属間交配」といいます。エケベリアは美しいのですが、セダム属やグラプトペタラム属に比べると生長が遅く、また耐久性も少し低いことが多いです。この問題を解決するために属間交配が行われます。エケベリアの美しさを受け継ぎ、セダムのように増殖が容易で、グラプトペタラムのように耐久性も高い品種をつくり出すことができます。

属間交配でつくられた品種は、安価で育てやすいので、寄せ植えにもよく用いられます。（匠）

スノージェイド

Sedeveria 'Hummelii'

セデベリア属

ぷくぷくした葉

少し樹氷に似ていますが、育つと葉先が丸くなります。オレンジ～ピンク色に紅葉します。

ブルーエルフ

Sedeveria 'Blue Elf'　セデベリア属

春秋型

葉先がピンク色に

ブルーグリーンの葉色。少し内巻きになる葉先は紅葉するとピンク色になります。

ファンファーレ

Sedeveria 'Fanfare'　セデベリア属

春秋型

木立ちするとヤシのよう

黄緑色の葉は薄く、木立ちするとヤシの木を思わせるかっこいい姿になります。

マッコス

Sedeveria 'Marcus'　セデベリア属

春秋型

ピンクの縁取り

ライムグリーンのツヤツヤした葉をピンク色が愛らしく縁取ります。小さい株が群生します。

ホワイトストーンクロップ

Sedeveria 'Whitestone Crop'　セデベリア属

春秋型

濃い茶色のつぶつぶ

小さなつぶつぶが集まり生長すると木立ちします。紅葉色が寄せ植えで貴重な茶色です。

レティジアマジックゴールド

Sedeveria 'Letizia Magic Gold'　セデベリア属

春秋型

赤と黄色のコントラスト

レティジアと同じように外側から紅葉します。紅葉すると、中心部が黄色になります。

レティジア

Sedeveria 'Letizia'　セデベリア属

春秋型

平たいロゼット

木立ち性です。紅葉色の赤と緑のコントラストが美しく（円内）、寄せ植えで使いやすい赤色です。

グラプトペタルム属

Graptopetalum

ふっくらと肉厚で、葉がロゼット状につく小型の種類が多いです。白い粉をまとったものや、きれいに紅葉するものがあります。地域や種類によっては、地植えができるほど丈夫で育てやすく、たとえば朧月（おぼろづき）は街中や庭先などでもよく目にしますし、時には滝のようにしだれている姿を見ることもあります。グラプトペタルムの仲間は、葉挿しや挿し木で増やしやすいのも魅力です。特に姫秋麗（ひめしゅうれい）は葉挿しに向き、初心者でも挑戦しやすい品種です。

原産地	メキシコ、中米など
科　名	ベンケイソウ科
育てやすさ	★★★
越冬温度	0℃以上
主な生育型	春秋型

桜月（さくらづき）

育て方のポイント

【置き場所】 日当たりと風通しのよい屋外に置きます。暑い季節の蒸れに注意。

【水やり】 週に1回を目安に、土が中まで乾いてから水やりします。

【お手入れ】 丈夫でよく増えるものが多いので、鉢の中がいっぱいになってきたら葉挿しや株分けをしましょう。

おすすめのグラプトペタルム2種

グラプトペタルムの中でも育てやすい朧月、かわいい姫秋麗はまず手に取っていただきたい品種です。

朧月（おぼろづき）

姫秀麗（ひめしゅうれい）

桜月（さくらづき）

Graptopetalum 'Sakuraduki'

中心が桜色に染まる

青みのある長い葉。紅葉すると中心がピンク色に染まり（円内）、桜の花のようです。

朧月（おぼろづき）

Graptopetalum paraguayense

よく見かける灰緑色の多肉植物

葉先がとがった落ち着きのある風合い。強靭で、住宅地などで石垣や鉢植えからしだれる姿をよく見かけます。

姫秋麗（ひめしゅうれい）

Graptopetalum mendozae

紅葉は上品なピンク色

淡い色の葉は小さく、ちまちま寄せによく使われます。単品でも楽しめます。「姫秋麗錦」は斑（ふ）入り種（円内）。

だるま秋麗（しゅうれい）

Graptopetalum 'Daruma Shuurei'

だるまさんのように丸い葉

淡い色合いのぷっくりした姿で、紅葉するとベビーピンクになります。

マクドガリー

Graptopetalum macdougallii

葉先がとがる小さなロゼット

長い葉をつけたコンパクトな姿で、木立ちします。寄せ植えの変化をつけるときに便利です。ランナーで増えます。

ブルービーン

Graptopetalum pachyphyllum 'Blue Bean'

葉先に紫の点

細長いブルーグレーの葉先に、渋い紫色の点があるのが特徴的。寄せ植えでは、色のアクセントになります。

セダム属

Sedum

小さな細かい葉を繁らせるものや、エケベリアのようにぷっくりした葉をロゼット状につけるものなどさまざまなタイプがあります。比較的暑さや寒さに強く、寄せ植えや地植えに向く種も多いです。紅葉も美しく、バリエーションがあります。原産地が多岐にわたることから、耐寒温度や水やりなどは種によってそれぞれ異なります。そのため、夏季の生育が難しい種もあります。

原産地	世界中で見られる
科　名	ベンケイソウ科
育てやすさ	★★★
越冬温度	−5～0℃
主な生育型	春秋型

パリダム

育て方のポイント

【置き場所】　日当たりと風通しのよい屋外に置きます。暑い季節の蒸れと日差しに注意が必要です。花壇などで地植えも可能です。

【水やり】　週に1回はあげましょう。葉の乾き具合など様子を見て、4～5日に1回にしてもよいでしょう。

【お手入れ】　エケベリアなどに比べて、ひんぱんな水やりが必要です。乾燥を繰り返すと、縮れたまま枯れてしまいます。地植えの場合は、晴れた日の夕方に水やりをします。

初心者におすすめのセダム3種

カラフルで入手しやすく、寄せ植えにも使いやすい品種です。

虹の玉（にじのたま）

ゴールデンカーペット

黄麗（おうれい）

ウインクレリー
Sedum hirsutum ssp. *baeticum*

春秋型

子株を出す茎がしっかりしている
明るい緑色の葉はかわいらしいロゼット状です。親株からランナーを出し、子株で増えます。

アクレアウレウム
Sedum acre var. *aureum*

春秋型

エレガントなクリーム色
緑色の細い葉が密集し、先端がクリーム色になります。寄せ植えをエレガントに彩ります。冬から春に出回ります。

オーロラ
Sedum rubrotinctum 'Aurora'

春秋型

つぶつぶした濃いピンク色の葉
葉にツヤがあり、濃いピンク色に紅葉する姿は、オーロラの名にふさわしい華やかさ。寄せ植えによく使われます。

黄麗（おうれい）
Sedum adolphi 'Golden Glow'

春秋型

紅葉は目に鮮やかな黄色
入手しやすく、寄せ植えでは使い勝手がよく、紅葉後の黄色（円内）は彩りを明るくしてくれます。別名「月の王子」。

カメレオン
Sedum reflexum 'Chameleon'

春秋型

細葉で葉先がとがる
高めの草丈になり、高さや葉の形を活かして動きのある寄せ植えをつくれます。円内は斑（ふ）入（い）り種のカメレオン錦。

乙女心（おとめごころ）
Sedum pachyphyllum

春秋型

紅葉時、葉先がポッと赤くなる
薄緑の葉先が紅葉します。赤くなる姿は名前のとおりの可憐さ。単品の鉢植えにも、寄せ植えにもおすすめです。

グリーンペット
Sedum 'Green Pet'

さわやかな緑色
明るい緑色で、紅葉すると先が赤くなります。しっかりした葉色は、寄せ植えの脇役として全体を引き締めます。

クラバツム
Sedum clavatum

薄緑色で楕円形の葉
肉厚な楕円形の葉が白い粉をまといます。ロゼットがきれいにまとまり、存在感があります。

コーラルカーペット
Sedum album 'Coral Carpet'

小さな丸い葉が赤く色づく
小さな粒状の葉が密集してつきます。春から秋は緑色で、冬に少し透明感ある深い赤色（円内）に紅葉します。

恋心（こいごころ）
Sedum 'Koigokoro'

葉がピンク色に染まる
乙女心（P.99）より葉が大きく、紅葉すると葉の途中からピンク色に染まります（円内）。生長すると上に伸びます。

粉雪（こなゆき）
Sedum oaxacanum

小さな緑色のロゼット
葉は緑色で、先は白く粉雪が舞ったような姿です。立ち性で下葉を落とし長く伸びます。

ゴールデンカーペット
Sedum japonicum f. morimurae 'Golden Carpet'

明るい黄緑色のふわふわセダム
明るい黄緑色の細い葉が密集してつき、オレンジ色（円内）に紅葉します。寄せ植えを明るく引き立てる名脇役。

サルサベルデ
Sedum makinoi 'Salsa Verde'

春秋型

つややかなチョコレート色に紅葉

丸い葉が連なります。夏の葉は緑色で、紅葉するとチョコレート色になります。

サクサグラレモスグリーン
Sedum sexangulare 'Moss Green'

緑色の小さな葉が密につく

葉は緑色。葉の先端は大仏様の丸まった毛髪（螺髪）のよう。ちまちま寄せによく使います。別名「六条万年草」。

ジョイスタロック
Sedum 'Joyce Tulloch'

葉の縁が紅葉

すっきりした姿で、葉の外側の紅葉と内側の緑色のコントラストが見どころです。

サンライズマム
Sedum 'Sunrise Mom'

黄色く細長い葉

日に当てて育てると、鮮やかな黄色に紅葉します。葉にツヤもあり、寄せ植えを明るく華やかに引き立てます。

ステフコ
Sedum stefco

葉が小さなつぶつぶ

とても小さなつぶつぶの葉をしています。赤色の茎に葉がびっしりと密生します。

白雪ミセバヤ
Sedum spathulifolium 'Cape Blanco'

花のように見え、小さいけれど華やか

白い粉をまとった葉が花のように見えます。寄せ植えでは、アクセントとして使うと効果的です。

ダシフィルム

Sedum dasyphyllum

葉がびっしりつき、ボリューム満点

茎にふっくらとした小さな葉がびっしりつきます。紅葉した紫色は、寄せ植えに重宝します。別名「姫星美人」。

スプリングワンダー

Sedum versadense f. *chontalense*

バラの花のような葉が、盛り上がってつく

産毛のある柔らかな葉質で、ロゼットのきれいなセダムです。冬の紅葉はピンク色。夏の蒸れに弱いです。

玉葉

Sedum stahlii

赤茶色に紅葉するつぶつぶ系

肉厚の葉で春から秋は緑色（円内）、茶色に近い赤色に紅葉します。落ち着いた雰囲気の寄せ植えに向きます。

玉蛋白

Sedum dasyphyllum var. *suendermannii*

産毛のある葉が密生する

小さな丸い葉に、細かな毛が密生した繊細な姿。触るとポロポロ崩れ落ちるため、寄せ植えには不向きです。

パープルヘイズ

Sedum dasyphyllum 'Purple Haze'

丸みのある紫色の葉

小さく肉厚の葉で、紫色に紅葉します。葉が落ちやすいのでやさしく扱います。落ちた葉からよく芽吹きます。

虹の玉

Sedum rubrotinctum

つぶつぶ葉の代表

夏は緑色（円内）で赤色に紅葉します。育てやすく単品でも楽しめます。寄せ植えには欠かせません。

春萌（はるもえ）
Sedum 'Alice Evans'

ライムグリーンの葉色
とてもさわやかな美しいライムグリーン色の葉は肉厚で少し長めです。丈夫で使いやすく、寄せ植えに向きます。

パリダム
Sedum pallidum

ふわふわの代表選手
緑色の葉は赤く紅葉し、地植えにも向きます。斑入（ふい）り種の紅葉（円内）はピンク～紫色です。

ヒスパニクム
Sedum hispanicum

多くの葉が密につく
葉が多く、フワフワした印象です。緑色の葉が冬には赤紫色に紅葉します。寄せ植えに使いやすいセダムです。

ビアホップ
Sedum burrito

小さく短い葉は肉厚で薄緑色
葉を連ねながら、茎は長く伸びて枝垂れる姿を楽しみます。葉挿しでもよく増えます。別名「姫玉綴り（ひめたまつづり）」「新玉綴り（しんたまつづり）」。

セダムのミックス寄せ植え
いろいろな種類のセダムが入った、カラフルでかわいい見た目のセダムミックス寄せ植えをよく見かけます。そのまま別の鉢に移しても素敵ですし、寄せ植えをつくるときにたくさんの種類を買い集めなくてよいので便利です。

クラッスラの仲間のリトルミッシー（P.112）も、よく一緒に入っています。

ピンクベリー
Sedum 'Pink Berry'

先がとがりふっくらとした葉
細長い葉がキュッとしまって重なるようにつき、ロゼットのように見えます。薄緑色の葉はピンク色に紅葉します。

覆輪万年草
Sedum lineare f. variegata

小さな笹のような姿
細い葉の縁に白斑があり、紅葉時にこの白い部分がピンク色に染まります。別名「姫笹」「リネアレバリエガータ」。

覆輪丸葉万年草
Sedum makinoi f. variegata

白い斑入りの丸葉
葉の周りに白斑が入ります。匍匐性でグランドカバーにも適しています。寄せ植えの仕上げに鉢から垂らすと効果的。

丸葉万年草
Sedum makinoi

明るい緑色の丸葉が重なる
丸く薄い葉で、丈夫なのでグランドカバーにも向きます。葉の黄色みが強い黄金丸葉万年草（円内）もあります。

ペレスデラロサエ
Sedum perezdelarosae

小粒のロゼット
透明感のある淡い緑の小さなロゼットが群生します。葉先が赤く色づきます。

松姫
Sedum lucidum

ツヤのある細長い葉
緑色をしたつややかな葉は、寄せ植えのアクセントとして使いやすいです。

マジョール
Sedum dasyphyllum 'Major'

むっちり連なる葉
うっすら青みがかった薄緑色で、丸く細かい葉がロゼットのように重なり細長く伸びます。

緑亀の卵（みどりがめのたまご）
Sedum hernandezii

むっちりふくらんだ緑色の葉
しっかりしたふくらみのある葉で、時に濃い緑色、表面は少しざらっとしています。挿し木で増やせます。

ミルキーウェイ
Sedum diffusum 'Milky Way'

やわらかな印象の小さな葉
白みがかった淡い黄緑色の葉をモコモコと伸ばします。冬になるとピンク色に紅葉します。

銘月（めいげつ）
Sedum adolphi

光沢あるとがった黄葉
葉はやや平たく先がとがり、表面は少しかたく冬に黄～オレンジ色に紅葉します。寄せ植えにもよく使います。

森村万年草（もりむらまんねんぐさ）
Sedum japonicum f. morimura

緑のグランドカバー
緑の細かい葉が密集し、グランドカバーの定番です。コロンとした姿で、茶色がかった赤色に紅葉します。

モルガニューム
Sedum morganianum

細長くとがった葉
ぷっくりした長葉で先がとがっています。コロンと丸くギュッとしまったロゼットです。

八千代（やちよ）
Sedum corynephyllum

黄色いバナナのような葉
長い葉は肉厚で、夏は緑色（円内）で木のような姿です。黄色く紅葉するとバナナのようです。木立ちし、分枝します。

レッドベリー
Sedum rubrotinctum 'Red Berry'

真っ赤にきらめくつぶが密集

夏は緑色で、冬はツヤのある赤いジェリービーンズのように紅葉します(円内)。小さなつぶが寄せ植えを彩ってくれます。単独の鉢植えでも十分に存在感があります。

アンジェリーナ
Petrosedum rupestre 'Angelina'

黄緑の針のような葉

細い針のようにとがった黄緑色の葉は、紅葉すると全体が黄色になり、葉先はオレンジ色になります。

ロッティ
Sedum 'Rotty'

むちむちの丸葉

エケベリアのように見える丸葉は、明るい緑色をしています。よく群生し、寄せ植えの主役にもなります。

ドラゴンズブラッド
Phedimus spurius 'Dragons Blood'

深い鮮血色に紅葉

薄い丸葉で夏は緑色(円内)。下葉を落とし紅葉すると真っ赤になります。セダム属からフェディムス属に転属。

トリカラー
Phedimus spurius 'Tricolor'

緑と白とピンク。目を引く3色の葉

3色のコントラストが美しい葉は、特に冬の寄せ植えのアクセントにおすすめ。セダム属からフェディムス属に転属。

セダムの属間交配種

ここでは次の仲間を紹介します。

- **グラプトセダム属**
  セダムとグラプトペタルムの属間交配種
- **クレムノセダム属**
  セダムとクレムノフィラの属間交配種

カリフォルニアサンセット

Graptosedum 'California Sunset'

グラプトセダム属

春秋型

紅葉すると夕焼け色

日没時の太陽のように、オレンジ色に近い茜(あかね)色に紅葉します。寄せ植えの名脇役です。

ブロンズ姫(ひめ)

Graptosedum paraguayensis 'Bronz'

グラプトセダム属

春秋型

深みのあるブロンズ色

ツヤのあるブロンズ色で、寄せ植えのときのアクセントとして欠かせません。丈夫な品種です。

秋麗(しゅうれい)

Graptosedum 'Flancesco Baldi'

グラプトセダム属

春秋型

紅葉はピンク色。群生で増える

よく見かける多肉植物で生長すると群生します。葉挿しにすると、とてもよく増えます。

リトルジェム

Cremnosedum 'Little Gem'

クレムノセダム属

春秋型

ツヤのあるロゼット

三角形の葉にはツヤのあり、小さなロゼットが土の間際で低く展開します。紅葉色は赤色です。

リトルビューティー

Graptosedum 'Little Beauty'

グラプトセダム属

春秋型

紅葉すると葉先が赤く染まる

細長く小さな葉で先がとがり、丈夫です。立ち木性で、高さを出す寄せ植えに使います。

クラッスラ属

Crassula

高さは数㎝～数10㎝と種によって幅があり、形も変化に富んでいます。上から見ると葉が星型や十文字に見えるタイプもたくさんあります。夏型と春秋型があり、夏型は冬の寒さには特に注意が必要です。春秋型は真夏の直射日光が苦手なので、明るい日陰に移動します。寄せ植えに使われる種も多く、脇役として活躍します。P.117には、葉が星型に見える品種をまとめました。

原産地	主に南アフリカ
科　名	ベンケイソウ科
育てやすさ	★★☆
越冬温度	生育型により異なります
主な生育型	春秋型、夏型

小米星

育て方のポイント

【置き場所】　日当たりと風通しのよいところに置きます。暑い季節の蒸れに注意が必要です。春秋型は夏の間は明るい日陰に移動します。夏型は冬が苦手なので5℃を目安に寒さ対策をしましょう。

【水やり】　週に1回を目安に、鉢の中まで乾いてから水をあげます。乾燥には比較的強いほうです。

【お手入れ】　葉が星の形をしたタイプは、ある程度伸びたらカットして挿し木にすると、姿よく管理することができます。

初心者におすすめのクラッスラ3種

色や形が多彩なクラッスラの特徴を楽しめる3種です。

火祭り

リトルミッシー

南十字星

ヴォルケンシー錦

Crassula volkensii f. variegata

白斑がピンク色に変化

明るい緑色と白斑のコントラストが美しく、白斑はピンク色に紅葉します。寄せ植えのアクセントにぴったりです。

ヴォルケンシー

Crassula volkensii

小さなドットが葉に散らばる

緑色の葉に赤黒いドットが入り、エッジのラインも特徴的です。枝を横に広げるように生長します。

姫黄金花月

Crassula ovata 'Hime Ougon Kagetsu'

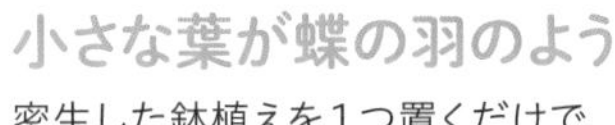

小さな葉が蝶の羽のよう

密生した鉢植えを1つ置くだけで、玄関などが明るい雰囲気になります。鮮やかに紅葉し、寄せ植えにも使えます。

黄金花月

Crassula ovata 'Ougon'

鮮やかに変化する紅葉

斑の部分が黄～赤色に紅葉します。寄せ植えで枝を1本切って立てると、広葉樹のような雰囲気になります。

ゴーラム

Crassula ovata 'Gollum'

摩訶不思議な葉の形

筒状の葉先はへこみ、エッジは茶色。個性的な形は箱庭やサボテンとの寄せ植えに似合います。別名「宇宙の木」。

銀箭

Crassula mesembrianthoides

分枝し、小さな木のような姿

とがった細い葉は微毛におおわれ、密集してつきます。大きな寄せ植えに便利。「ぎんぞろえ」とも呼びます。

サルメントーサ

Crassula sarmentosa f. variegata

観葉植物のような見映え

一見、観葉植物と見紛うような美しい葉を持ち、大きな寄せ植えに重宝します。斑（ふ）がピンク色に紅葉します。

コルデタ

Crassula cordata

ひらひらした葉がエレガント

少し肉厚のひらひらした葉が優美に広がります。葉のエッジが赤くなり、少し高さが出ます。

青鎖竜（せいさりゅう）

Crassula muscosa

折り重なる葉は鎖のよう

すっと立ち上がる姿は、サボテンと合わせてかっこいい寄せ植えができます。若緑より太め。別名「ムスコーサ」。

神刀（じんとう）

Crassula perfoliata var. falcta

湾曲した刃のような葉形

先がとがった葉は刀のような形をしており、扇形に展開します。葉に産毛があるため白っぽく見えます。

玉稚児（たまちご）

Crassula arta

ぷっくりした葉が重なる

丸くふくらんだ葉を産毛がおおっています。葉は左右に重なるように出て、まっすぐ生長します。

若緑（わかみどり）

Crassula lycopodioides var. pseudolycopodioides

線状に伸びる緑色

うろこ状の葉は鮮やかな緑。風にそよぐ木のイメージで寄せ植えに加えても素敵です。「姫緑（ひめみどり）」（円内）は小型種。

天狗の舞

Crassula dejecta

立ち木性で、真っ赤に紅葉する

平たい楕円形の緑の葉の縁は赤く、立ち木性です。紅葉すると葉全体が真っ赤になり、目を引きます。

テトラゴナ

Crassula tetragona

群生すると森のよう

葉はとがり、植物全体は樹木のコニファーのようにも見え大きく育ちます。寄せ植えに向きます。別名「桃源郷（とうげんきょう）」。

火祭り

Crassula capitella 'Camp Fire'

秋から冬、燃えるような赤に

葉の中心部が少しコロンとした形で、夏は緑色の部分もありますが（円内）、紅葉すると全体が赤くなります。

パンクチュラータ

Crassula biplanata

とても小さな木立ち

小さな葉をつけ、群生すると林のように見えます。生長すると葉が白くなります。

紅葉祭り

Crassula capitella 'Trefu'

火祭りと赤鬼城の中間の姿

火祭りに比べて葉がとがり、赤鬼城に比べて葉が短めで、2種の中間のような姿です。見慣れると区別がつきます。

赤鬼城

Crassula fusca

葉が長くとがり、真っ赤に紅葉

火祭りに比べて葉がとがって長く、低めに展開します。深い赤色は、寄せ植えのワンポイントとして効果的。

フンベルティ
Crassula humbertii

茶色のドットが渋い
ぷっくりした小さい長葉に茶色の細かいドットが入ります。花弁が5枚ある白花（円内）を枝先につけます。

ブロウメアナ
Crassula expansa ssp. fragilis

肉厚でふわふわ
とてもやわらかそうに見える小さな葉をしており、白い星形の花（円内）も人気です。紅葉すると少し黄色に見えます。

リトルミッシー
Crassula pellucida ssp. marginalis 'Little Missy'

冬に目立つピンクの縁取り
小葉の縁が白く、さらにその外側をピンク色が縁取ります。近縁種のリトルフロッジー（円内）は葉がしっかり緑色。

紅稚児（べにちご）
Crassula radicans

小さなぼんぼりのような花が咲く
冬に小さな葉が真っ赤に紅葉し、春にぼんぼりのような白い小さな花を咲かせます。

ロゲルシー
Crassula rogersii

ベルベットのような葉
緑色の質感を持つ葉が、冬は真っ赤に紅葉します。木化しながら生長します。

レモータ
Crassula subaphylla (syn. Crassula remota)

産毛におおわれた厚い小葉
アーモンド形の小さな葉が密集し、夏はさわやかな緑色。紅葉すると見事な赤色に変身します。

数珠星（じゅずぼし）
Crassula rupestris ssp. marnieriana 'Jyuzuboshi'

数珠のように連なる葉
星形に葉をつけ、茎を伸ばす姿が数珠のようです。茎が伸びると、少しくねりながら光のほうに向いて生長します。

小米星（こまいぼし）
Crassula rupestris 'Tom Thumb'

小さな星のように葉を重ねる
小さな葉が連なり、上に向かって生長します。星形に重なる葉は紅葉するとエッジが赤くなります。

星の王子（ほしのおうじ）
Crassula conjuncta

大きな星の葉は、まさに王子様
大きく肉厚の葉を星形に重ね、紅葉すると葉の縁が赤くなります。背が高くなりやすい種類です。

パステル
Crassula rupestris 'Pastel'

色白の小さな星
小米星の斑（ふ）入り種。ピンク色が入る小さな星のような葉が重なります。単品植えに向きます。

ルペストリス
Crassula rupestris ssp. rupestris

三角形の肉厚の葉
青みがかった緑色の葉で、縁が赤く色づきます。星形に葉をつける仲間の中でも、むっちりと見える姿が特徴です。

南十字星（みなみじゅうじせい）
Crassula perforata f. variegata

クリーム色に緑のクロス
上から見ると、クリーム色の斑（ふ）入りの部分に緑の十字が入り、重なる葉は星が光を放っている様子を連想させます。

カランコエ属

Kalanchoe

ギザギザの葉の形をしたもの、ツヤのある葉をしているものなど、バラエティに富んだ葉姿をしています。乾燥には比較的強く、紅葉する品種もあります。園芸品種としてのカランコエも花屋などで見かけることがあり、ベル形の花を楽しむことができます。挿し木で増やせるものが多いです。P.117にまとめた一般に「兎耳系」と呼ばれる仲間は、葉や茎がビロードのような毛でおおわれています。ウサギをはじめ動物の名前が園芸種名につけられている愛らしいグループです。

原産地	マダガスカル島など
科　名	ベンケイソウ科
育てやすさ	★★★
越冬温度	5～10℃
主な生育型	春秋型、夏型

黒兎耳

育て方のポイント

【置き場所】 日当たりと風通しのよいところに置きます。日差しが強い季節には遮光をおすすめします。冬の寒さに弱いので、ほかの多肉植物よりも気をつけましょう。

【水やり】 週に1回を目安にします。寒波がきているときなどは、水やりを控えます。

【お手入れ】 月兎耳など毛におおわれているタイプは、見た目の様子から特別な手入れが必要かと心配になりますが、ほかの多肉植物と同じように扱って大丈夫です。

初心者におすすめのカランコエ3種

形や色に加えて、葉の質感も着目点。

月兎耳

ミロッティ

デザートローズ

胡蝶の舞
Kalanchoe laxiflora

葉の縁がピンク色

立ち木性で葉を広げて伸びます。斑入種「胡蝶の舞錦」は、ピンク色になります。冬にベル形の花（円内）をつけます。

江戸紫
Kalanchoe marmorata

夏型

紫色のまだら模様

黄緑色をした大きめの葉に、紫色の斑紋があります。ライチョウの羽を思わせる、見た目が渋い品種です。

赫蓮
Kalanchoe longiflora var. coccinea

ギザギザの葉が真っ赤に

葉縁はギザギザで真紅に染まります。ゆっくり生長し、増えにくい品種です。大きくなっても形があまり変わりません。

デザートローズ
Kalanchoe thyrsiflora

大きな屏風のような葉

屏風を思わせる大きく丸い葉が、秋になると赤く紅葉してバラの花のようになります。別名「唐印」。

仙女の舞
Kalanchoe beharensis

肉厚でベルベットのよう

細かい毛におおわれ、ベルベットのような質感の大きな葉が特徴的。立ち木性で、大きく生長する多肉植物です。

フミリス

Kalanchoe humilis

緑の葉にしま模様

ツヤのある丸葉が、十字になるように2枚ずつ交互に広がります。紫～赤茶色のしま模様に和の雰囲気を感じます。

冬もみじ（ふゆもみじ）

Kalanchoe grandiflora 'Fuyumomiji'

カエデのような葉

切れ込みが深く入った長い葉は、茶色に近い真紅色で、どこかカエデの葉に似ています。

ミロッティ

Kalanchoe millotii

フェルトのような質感の葉

ギザギザした大きな葉は、緑～薄緑色。フェルトのような質感があります。寄せ植えにもよく使われます。

不死鳥錦（ふしちょうにしき）

Kalanchoe daigremontiana f. *variegatu*

葉先の子株をつける

肉厚な細い葉に、ピンク色や紫色がかった斑（ふ）が入ります。葉先に子株（円内）をつけ、落ちた場所で根づき増えます。購入した多肉植物の鉢にまぎれ込み、いつの間にか育っていて気づくことがあります。

紅提灯（べにちょうちん）

Kalanchoe manginii

光沢のある葉

薄緑色の丸葉は縁が赤く、葉先は上を向きます。ふっくらした赤い花を、提灯のように下向きにつけます。

黒兎耳
Kalanchoe tomentosa 'Black'

葉の緑のラインが明確

葉のエッジが、はっきりとしたこげ茶色線になっています。兎耳系の仲間の中でも、この縁色が際立ちます。

月兎耳
Kalanchoe tomentosa

ウサギの耳のような葉

バリエーションの多い兎耳系の基本形。名前のとおりふわふわした長い葉がウサギの耳に似ていて人気があります。

テディベア
Kalanchoe tomentosa 'Teddy Bear'

丸葉でぷっくりふわふわ

幅が広く丸い肉厚の葉の縁に、茶〜こげ茶色の斑点があります。全体的にずんぐりしており、クマの耳の風情です。

孫悟空
Kalanchoe tomentosa 'Songokuu'

黄金色の細長い葉

月兎耳の変異個体といわれ、シュッとした細長い葉を持ち、全体的に茶色がかった黄金色をしています。

福兎耳
Kalanchoe eriophylla

真ん中が白い

長い下葉はうっすら紫色で、中央部の生長点に近い葉は白色です。ビロードのような上品な質感です。

パンダ兎
Kalanchoe tomentosa 'Panda Usagi'

ドットがはっきりしている

葉の縁のギザギザがはっきりしていて、大きめのドット柄がパンダを連想させます。

コチレドン属

Cotyledon

動物のてのひらのような形をした熊童子や、ふっくらした福娘など、名前も形もかわいらしく、この仲間との出合いが多肉植物を育てるきっかけになる人も多いようです。粉をまとったり細長い葉を持つ種類など、見た目にバリエーションがあります。オレンジ色など鮮やかで明るい色をした、ベル型の大きめな花をつけます。

原産地	南アフリカ
科　名	ベンケイソウ科
育てやすさ	★★☆
越冬温度	5℃
主な生育型	春秋型

オルビキュラータ

育て方のポイント

【置き場所】　日当たりと風通しのよいところに置きます。暑い季節の蒸れに注意が必要です。

【水やり】　1週間に1回を目安にしますが、土の中まで乾いてしばらくしたら水やりをします。夏と冬は控えめにします。

【お手入れ】　ゆっくり生長するものが多く、土の劣化や根詰まりに気づきづらいので、植え替えを忘れないようにします。葉の白粉に触らないようにすると美しさを維持できます。なお、特にペンデンスは寒さに弱い傾向にあります。

初心者におすすめのコチドレン3種

名前も形もユーモラスでかわいい種が多いのが魅力です。

熊童子

ペンデンス

福娘

銀波錦（ぎんぱにしき）
Cotyledon undulata

春秋型

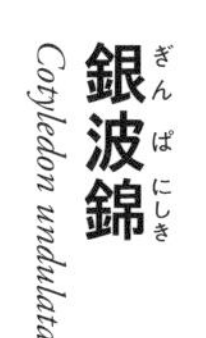

白い粉をまとったうねる葉

葉は白い粉におおわれて銀白色に見えます。葉が波打つ白い姿が目を引きます。

オルビキュラータ
Crassula orbiculata

春秋型

葉は白っぽくエッジは赤

葉は小判形で肉厚の葉をしています。葉の縁は赤色で、白緑色の葉とのコントラストが際立ちます。

熊童子錦（くまどうじにしき）
Cotyledon tomentosa ssp. ladismithiensis f. variegata

春秋型

色合いが美しい熊童子の斑入り（ふいり）

緑色の葉に入った白色やクリーム色が美しい、熊童子の斑入り品種です。

熊童子（くまどうじ）
Cotyledon tomentosa ssp. ladismithiensis

春秋型

小熊の手のような葉

葉はぷっくり肉厚で産毛におおわれています。ギザギザした葉先に茶色の斑点（はんてん）があり、熊の手のように見えます。

ペンデンス
Cotyledon pendens

春秋型

タコさんウインナーに似た花

梅の実を少し平たくしたような小さめの丸葉。茎が垂れるのでハンギングにも向きます。橙色の花（円内）をつけます。

福娘（ふくむすめ）
Cotyledon orbiculata 'Oophylla'

春秋型

ふっくらした白葉

白みがかったふくらみのある葉でエッジは赤く、先は上を向きます。近似種に「だるま福娘」（円内）などがあります。

アエオニウム属

Aeonium

薄い葉が放射状に広がるものが多く、生長するにしたがって木立ちし、単品の鉢植えでもたいへん見映えがします。また、独特のにおいがあります。
挿し木で増やすことができます。このとき茎が太いタイプは、切った元の株からも芽吹きますが、茎が細いタイプは新芽が出にくいという特徴があります。また、どのタイプのアエオニウムも、摘芯（P.35）で枝を増やすことができます。

原産地	カナリア諸島、北アフリカなど
科　名	ベンケイソウ科
育てやすさ	★★☆
越冬温度	5℃
主な生育型	冬型

育て方のポイント

【置き場所】　日当たりと風通しのよいところに置きます。夏は休眠期になるため、明るい日陰に置きます。雨ざらしは避けます。冬は霜にあてないようにします。
【水やり】　水は比較的好きです。土が乾いたときのほか、暖かい時期にもかかわらず葉が垂れてきたら水切れのサインなので水やりしてください。
【お手入れ】　冬型といっても寒さに強いわけではないので、5℃以下になったら寒さ対策をします。根詰まりが早いので、定期的に植え替えをします。

ベロア

初心者におすすめのアエオニウム3種

王道の黒法師、紅葉のピンク色が鮮やかなメデューサ、愛らしいチョコチップをセレクトしてみました。

黒法師（くろほうし）

メデューサ

チョコチップ

アドニス
Aeonium saundersii

冬型

休眠期はコロンとした姿

長さ数ミリの細い枝に、葉をロゼット状につけます。休眠期には葉がコロンと丸まります。

愛染錦（あいぞめにしき）
Aeonium domesticum f. variegata

冬型

さわやかな斑入（ふい）りの美人

黄緑色にクリーム色の斑入りで、園芸店などでよく見かける人気の種類です。夏の暑さは苦手です。

黒法師（くろほうし）
Aeonium arboreum 'Zwartkop'

冬型

黒っぽくつややかな葉

葉はつややかで、黒色や茶色など葉色にバリエーションがあります。木立ちして大株になり、寄せ植えにも向きます。

エメラルドアイス
Aeonium 'Emerald Ice'

冬型

小さな葉が密に重なる

ライトグリーンの葉の縁に白い斑（ふ）があり、葉の重なる様子は繊細な美しさです。1年を通して、色はあまり変わりません。

小人の祭り（こびとのまつり）
Aeonium sedifolium

冬型

小型でぷっくりした葉

赤いラインが入る小さな葉は触るとべとべとしています。比較的夏に強い品種です。「小人の祭り錦」は斑入（ふい）り種(円内)。

小人の花束（こびとのはなたば）
Aeonium 'Kobito no Hanataba'

冬型

小さな花を集めたような姿

小さな葉はロゼット状につき、花が咲いているような姿をしています。休眠期は葉先がコロンと丸くなります。

伊達法師
Aeonium 'Green Tea'

赤褐色のラインが入る
少し肉厚の葉は緑色をしており、不規則な赤褐色の縦じまが入ります。

スーパーバン
Aeonium 'Super Bang'

春色がとても美しい
中心部分が明るい緑色で、外側の葉は赤茶色く白い縁取り。春に白い部分が濃いピンク色（円内）になります。

チョコチップ
Aeonium 'Chocolate Tip'

葉裏に模様
小型の種で、葉裏の斑（円内）が冬から休眠期にかけてチョコレート色に変化、アドニス同様休眠期には葉が丸くなります。木立し、分枝して繁ります。

ドドランタリス
Aeonium dodrantale

小型で緑色のバラのような姿
葉は薄く黄緑色で、細い茎の先にロゼット状に葉がつきます。小型の種で、葉のつけ根からいくつも芽を出します。

艶日傘
Aeonium arboreum f. *variegata*

葉の外側に美しい斑
葉先が丸い中型のアエオニウムです。淡い黄色の美しい斑が外側にあり、やさしいピンク色に紅葉します。

ブロンズメダル錦

Aeonium 'Bronze Medal'

美しく変化する葉色

大きめで肉厚の葉で、斑がピンク色に染まります。丈はあまり伸びず、子株がついて横に広がるように育ちます。

ピンクウィッチ

Aeonium 'Pink Witch'

冬型

ピンク色に変化する葉

幅広の葉に斑が入った、非常に美しい品種です。生育期には、斑がつややかなピンク色になります。

ベロア

Aeonium 'Velour'

赤茶色でツヤのある葉

黒法師より葉先は丸く、脇芽を出して横に広がるように育ちます。生育期には、アエオニウム特有のにおいが強くなります。別名「カシミアバイオレット」。

トルツオーサム

Aichryson tortuosum

近い仲間　春秋型

肉厚の葉が花束のよう

小型で葉に微毛があり、ゆっくり生長します。アイクリソン属はアエオニウム属の近縁で、育て方はほぼ一緒です。

メデューサ

Aeonium 'Medusa'

パッと目を引くピンク色

斑の部分は濃いピンク色になります（円内）。目に飛び込んでくるような圧倒的な美しさです。

センペルビウム属

Sempervivum

薄く硬質の葉がロゼット状にいく重にも展開し、花のように見えます。葉が夏秋色、冬色、春色と季節ごとに変化するのも魅力のひとつ。雨ざらしが可能で、雪の下でも越冬する耐寒性がある点が、ほかの多肉植物と違います。春になると子株をたくさんつけて増えます。

原産地	ヨーロッパの高山地帯など
科　名	ベンケイソウ科
育てやすさ	★★☆
越冬温度	−13℃
主な生育型	冬型に近い春秋型

育て方のポイント

【置き場所】　日当たりと風通しのよいところに置きます。暑い季節の蒸れに特に注意。明るい日陰に移動します。寒さに強いので、屋外で越冬できます。

【水やり】　週に1回が目安です。秋から梅雨入り前までは雨ざらしでも大丈夫です。夏は水を切り気味にします。

【お手入れ】　素焼き鉢では土が乾燥しすぎてしまうため、保水性の高いプラスチック鉢やリメ缶などとの相性がよいように感じます。ランナーなどで増えた子株は、根が出てきたら切り離して植え替えることが可能です(P.33)。

ブルーボーイ

初心者におすすめのセンペルビウム3種

葉の形のバリエーションを比べて、お気に入りを見つけましょう。

上海（シャンハイ）ローズ

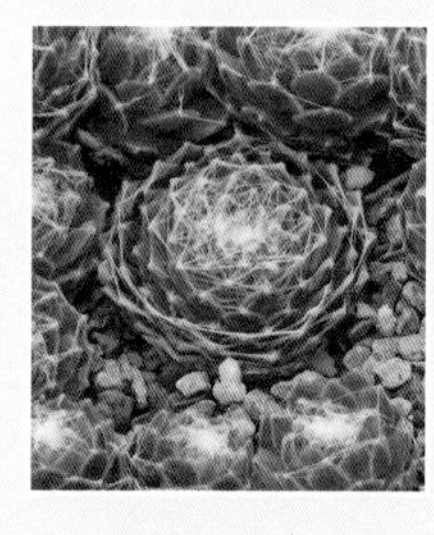

ガゼル

百恵（ももえ）

綾桜（あやざくら）

Sempervivum soboliferum

赤い葉先

ブルーグレーの葉先に、三角形の赤いチップが入ります。紅葉すると葉先の赤色が深くなります。

赤巻絹（あかまきぎぬ）

Sempervivum 'Aka Makiginu'

春秋型

薄い上品な葉

葉がロゼットの形に展開して、葉先に綿のような産毛が生えます。紅葉すると品のよさが際立ちます。

ゴールドナゲット

Sempervivum 'Gold Nugget'

鮮やかな金色に紅葉

冬に紅葉するセンペルビウムの中でも特に美しく、ゴールド～オレンジ色に輝くように発色します。種苗登録品種です。

ガゼル

Sempervivum 'Gazelle'

春秋型

葉の上にクモの糸のような毛

葉に絡まるような細い毛をまとい、葉の上部はクモの巣が張ったように見えます。

上海ローズ（シャンハイローズ）

Sempervivum 'Shanghai Rose'

子株をたくさんつける

やや細長い葉で、先は赤褐色です。紅葉すると葉先から中心に向かって、きれいなグラデーションになります。

酒井（さかい）

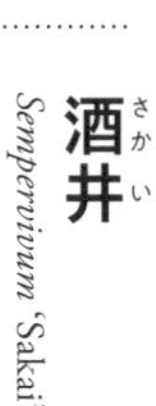

Sempervivum 'Sakai'

ふわふわの白い産毛

葉全体に白い産毛が生えています。紅葉すると赤くなり産毛が際立ちます。

ブルーボーイ
Sempervivum 'Blue Boy'

青みがかった葉
やや大きめのロゼット。夏場は涼しげなブルーグレーの葉色で、冬はぐっと雰囲気が変わり紫色に染まります。

パシフィックナイト
Sempervivum 'Pacific Knight'

洗練された深い赤紫色
パリッと硬質に見えるロゼットをしています。紅葉すると紫色に近い赤紫色になります。

マリーン
Sempervivum 'Marine'

ギュッと締まったロゼット
少し細かめに見える葉が密集しています。かたく巻いたロゼットが特徴的です。

ブロンコ
Sempervivum 'Bronco'

赤紫色の美しい紅葉
葉先はブロンズ色。紅葉するとつややかな赤紫色になり、葉もとに向かって美しいグラデーションになります。

プラティフィラ
Rosularia platyphylla

子株が多く花束のよう
子株でよく増え、小さなロゼットが密生します。寄せ植えでは、名脇役として全体を引き立てます。

アトミー
Rosularia 'Atomy'

盛り上がるような群生
少し肉厚で表面に産毛があります。葉と葉の間や足元から、次々に子株を出し群生していきます。

百恵（ももえ）
Sempervivum 'Oddity'

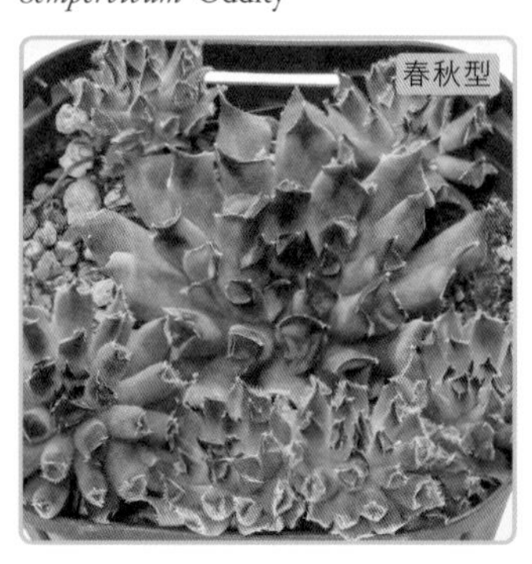

ショートパスタのような葉
ショートパスタのような筒状の葉をしています。センペルビウムの中でも変わり種です。

アドロミスクス属

Adromischus

小型で大きくふくらんだ葉は、まだら模様があったり、産毛におおわれていたりとさまざまです。渋い紫〜緑色と幅広い色合いを持ちます。乾燥した地域に自生するので、通年乾燥気味に育てます。

原産地	南アフリカ
科 名	ベンケイソウ科
育てやすさ	★★☆
越冬温度	5℃
主な生育型	春秋型

育て方のポイント

【置き場所】 雨の当たらない軒下で管理します。
【水やり】 週に1回を目安に、鉢の中まで乾いてから水をあげます。
【お手入れ】 夏の遮光と冬の寒さ対策が必要です。

神想曲(しんそうきょく)

楊貴妃の扇(ようきひのおうぎ)

Adromischus umbraticola

葉先のフリルが優雅

葉は扇状で、先はフリル状に波打っています。産毛のある肉厚の葉です。名前と姿がぴったりです。

天錦章(てんきんしょう)

Adromischus clavifolius

紫色のまだら模様

少し珍しい形をしていてぷっくりした葉の茎元は丸みがあり葉先が平らな扇形をしています。

神想曲(しんそうきょく)

Adromischus poelnitzianus

産毛があるバチ状の葉

葉先が三味線のバチのような形をしていて少し波打っています。中心から葉が丸く広がっています。

パキフィツム属

Pachyphytum

ぷっくりと丸いふくよかな葉がうっすらと白い粉をまとっています。全体的にやさしい色合いを持つ種が多いです。白い粉は触ると落ちて指のあとがついてしまうので、触らないようにしましょう。多湿を嫌うため通年軒下での管理がよいでしょう。育てるのがやや難しい品種も一部あります。桃美人(ももびじん)をはじめ「○○美人」と呼ばれるよく似たシリーズがあり、集める楽しさがあります。

原産地	メキシコ
科　名	ベンケイソウ科
育てやすさ	★★☆
越冬温度	0℃
主な生育型	春秋型

コンパクツム

育て方のポイント

【置き場所】 日当たりと風通しのよい軒下などに置きます。雨ざらしにはしないようにしましょう。

【水やり】 週1回を目安に、土の中まで乾いてから水をあげます。水やりが多すぎると、葉が割れる原因になります。

【お手入れ】 葉は触れると取れやすいのでやさしく扱います。真夏は遮光しましょう。

パキフィツムの「美人」3種

P.129で紹介している桃美人のほかにも、
ふっくらとした姿がよく似た近似種がたくさんあります。

月下美人(げっかびじん)

月美人(つきびじん)

星美人(ほしびじん)

コンパクツム
Pachyphytum compactum

春秋型

バナナの房のように見える

葉は肉厚で樽形、全体がバナナの房のようです。夏は緑色で紅葉すると黄色っぽくなります。

グラウクム
Pachyphytum glaucum

春秋型

彫刻のような印象

コンパクツムに似て、太くカクカクした彫刻のような印象です。紅葉すると紫色のグラデーションになります。

桃美人（ももびじん）
Pachyphytum 'Momobijin'

春秋型

色白で上品な姿

白い粉におおわれたふっくらした葉。ほんのりピンクに染まって愛らしい姿をしています。

フーケリー
Pachyphytum hookeri

春秋型

上へ上へと伸びる

ふくらみのある長めの葉はエケベリアのように集まってつき、育つと上に伸びます。寄せ植えで使いやすい形です。

ベビーフィンガー
Pachyphytum machucae

春秋型

小さな指のような葉

赤ちゃんの指のようにぷっくりした葉で、粉がのった灰色がかった桃色が、薄紫色に紅葉します。やさしい色合いを持ち先がツンと伸びた葉は、寄せ植えのアクセントになります。写真では花芽が見えます。

セネシオ属

Senecio

セネシオ属は、乾燥地帯が原産地でほとんど世界中に分布しています。およそ80種類あるといわれています。多肉化して水をたくわえるようになったものが多く、葉が多肉化したものだけでなく、七宝樹（しっぽうじゅ）のように茎が多肉化した種もあります。触るとキク科独特のにおいがします。

原産地	アフリカ、インド、中米など
科　名	キク科
育てやすさ	★★★
越冬温度	0℃
主な生育型	基本は春秋型

エンジェルティアーズ

育て方のポイント

【置き場所】 日当たりと風通しのよいところに置きます。秋から春は霜に当たらない軒下などに置きましょう。種類によっては雨ざらしも可能です。

【水やり】 週1回を目安に、鉢の中まで乾いたら水をあげます。夏場は、さっと表面が濡れるくらいに水をあげます。

【お手入れ】 ネックレスタイプの垂れ下がるタイプは、伸びてきたら途中でカットして鉢に置くと増えます(P.30)。夏は遮光します。

葉の形がおもしろいセネシオ3種

名前どおりのおもしろい形を楽しめます。

マサイの矢尻（やじり）

ピーチネックレス

ドルフィンネックレス

ドルフィンネックレス
Senecio peregrinus

イルカのような形の葉
葉は、よく見るとイルカが飛び跳ねたような不思議な姿をしています。育てやすい品種です。

グリーンネックレス
Senecio rowleyanus

グリーンピースに似た葉
球形の葉が数珠のように連なります。斑入り種(円内)は、薄黄～白色の斑が紅葉してピンク色になります。

エンジェルティアーズ
Senecio herreanus f. *variegata*

涙形をした斑入りの葉
先のとがった斑入りの葉が連なって伸びます。繊細な見た目ながら頑強で、寄せ植えにも使いやすい品種です。

ピーチネックレス
Senecio 'Peach Necklace'

桃のような形の葉
葉先がとがり、桃に似た丸い葉をしています。育てやすく、寄せ植えに入れても長く楽しめます。

七宝樹
Senecio articulatus

キュウリのような姿
茎がキュウリのような不思議な姿をしています。逆三角形の葉が茎の先につき、手を上に広げているように見えます。夏の休眠期は落葉するので、驚くことがあります。

ルビーネックレス
Othonna capensis 'Ruby Necklace'

透明感のある紅葉
茎は紫色、冬に赤紫色に紅葉し、黄色の花(円内)をつけます。関東以西では地植えも可能。別名「紫月」。

万宝
Senecio serpens

白い粉を帯びる細長い葉
青白い灰色の葉は白い粉をまとい、細長く内側が平らで縦じまがあります。寄せ植えにも向きます。

マサイの矢尻
Senecio kleiniiformis

矢尻に似た三角の葉先
名前のとおり、葉先が矢尻に似て大きく三角状に広がります。1年中緑色をしており、育てやすい品種です。

メセンの仲間

Aizoaceae

メセンとは、ハマミズナ科の植物全体をさします。属は多岐にわたり、属ごとに特徴がありますが、1対の葉と茎が合体した石のような姿を持つタイプがよく知られています。リトープスやコノフィツムといった「脱皮する」種類もあり、生長がゆっくりで姿があまり変わらないのも特徴です。多くは冬型で、冬に生長します。株の姿と対照的な華やかな花が咲くのも魅力です。南アフリカなど砂礫土壌に自生しており、高温多湿が苦手です。
(ここでは属名のアルファベット順に並べ、その中で五十音順に紹介します。)

原産地	南アフリカなど
科　名	ハマミズナ科
育てやすさ	★★☆
越冬温度	5℃
主な生育型	冬型(春秋型に近い)

大観玉

育て方のポイント

【置き場所】 5月半ば～9月半ばまでは半日陰、ほかの時期はよく日の当たる場所に置きます。水はけがとてもよい土であれば、雨の当たる場所においてもかまいません。

【水やり】 月1～2回たっぷりとあげます。

【お手入れ】 脱皮した皮や花がらは汚れの原因になるので、取り除いてあげましょう。

思わぬ変化が楽しいリトープス

リトープス(紫勲玉)の脱皮

リトープスの仲間は秋が深まる頃に葉の割れ目から花を咲かせ、春に「脱皮」します。脱皮といっても実際は古い葉が破れて中から新しい葉が現れる様子をたとえた言葉。同じメセン類のコノフィツムの仲間も脱皮します。

碧魚連（へきぎょれん）
Braunsia maximiliani

魚の群れのように見える
口をあけた魚のような葉を、茎の先に展開しながら伸びていきます。繁ってくると魚の群れのように見えます。

金鈴（きんれい）
Argyroderma roseum var. delaetii

銀白色の鈴のような玉形
玉形のメセンで、ぷっくりした銀白色の葉を持ち、鈴のような切れ目があります。

リンピダム
Conophytum limpidum

小さめで背が低い
小さく、ツヤのあるトップをしています。かつてはオフタルモ属に分類されていました。

ヘレアンサス
Conophytum herreanthus

羽ばたくような姿
厚みのあるシャープなフォルム。「翼」という和名にふさわしく、伸び立つように葉を広げます。

網目寿麗玉（あみめじゅれいぎょく）
Lithops julii

品のある薄い緑色
白～薄緑色で、頂部の褐色をした網目模様は、個体によって色に差があります。

魔玉（まぎょく）
Lapidaria margaretae

葉先が角張った玉形
光沢がなくマットな質感で、刃もので切り出したような形をしています。少し角張った姿は白い石のように見えます。

大観玉（だいかんぎょく）
Lithops gracilidelineata sup. *gracilidelineata* var. *gracilidelineata*

大ぶりなリトープス
灰色がかった大ぶりなリトープスで、薄い褐色の網目が落ち着いた印象を与えます。

紫勲玉（しくんぎょく）
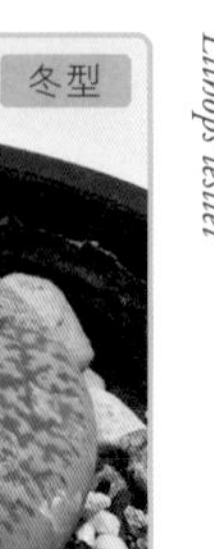
Lithops lesliei

頂部が平坦な逆円錐形
リトープスの中では大きめ。逆円錐形で色や形から「石に化ける」といわれることもあります。別名「レスリー」。

トップレッド
Lithops karasmantana 'Top Red'

紋のある赤い窓
赤みがかったグレーの葉の頂部に、赤い紋の入った大きな「窓」（上面の透明な部分）を持ちます。

ティシュリー
Lithops karasmontana var. *tischeri*

頂部の濃い網目が魅力
鮮やかな赤褐色の網目の突起の存在感が際立ちます。青みがかったグレーのボディとの対照が楽しめます。

福来玉（ふくらいぎょく）
Lithops julii ssp. *fulleri*

茶色が濃い網目
全体が茶色で、さらに濃い茶色の模様が入ります。緑色や紫色のカラーバリエーションがあります。

日輪玉（にちりんぎょく）
Lithops aucampiae

ワインレッドの頂部
割れ目は浅く、細かい網目模様がワインレッドの窓に浮かびます。本体の赤褐色との色合いが楽しめます。

麗虹玉（れいこうぎょく）
Lithops dorotheae

模様がしっかりしている

中型のリトープスで胴体は緑～ベージュ色、頂部に茶色の模様が入ります。別名「ドロテアエ」。

繭形玉（まゆがたぎょく）
Lithops marmorata

丈が高めで大きめ

リトープスの中では大きめで高さもあり、頂部が丸くふくらんでいるので、その形からこの名で呼ばれています。

帝玉（ていぎょく）
Pleiospilos nelii

大きく堂々とした姿

卵を割ったような形をした大型の玉形のメセンで、灰色がかった細かい斑点（はんてん）があります。5～6cmほどに生長します。

姫天女（ひめてんにょ）
Neohenricia sibbettii

小さな葉が群生して広がる

不揃いの葉が対生し、マット状に群生します。メセンの仲間の中では、小さな種類です。

天女冠（てんにょかん）
Titanopsis schwantesii

葉先に凹凸がある

ヒダのある葉先に、泡立つような凹凸があります。葉は不規則に伸びます。

天女（てんにょ）
Titanopsis calcarea

天女の羽衣に見立てた

天女冠に比べて幅の広い葉を持ち、優美に葉を広げて群生します。

ハオルチア属

Haworthia

南アフリカにしか自生せず、葉のタイプはさまざまです。先端部に光を取り入れるための透明な「窓」を持つタイプや、とがった長い葉をつける硬葉(こうは)タイプ、白い毛のあるレースタイプや、上部をスパッと切ったような不思議な形をしたタイプなどバラエティー豊かです。窓を持つタイプは陽に透かすと、キラキラ光って見え、いつまでも眺めていたい美しさです。原産地では、岩陰や草陰など、直射日光が当たらない場所で生育します。根は太いです。生長がゆるやかなので、室内で育てることができます。

原産地	南アフリカ
科　名	ツルボラン科
育てやすさ	★★☆
越冬温度	0℃
主な生育型	春秋型

オブツーサ

育て方のポイント

【置き場所】 半日陰を好むので、棚の2～3段目の奥などに置くとよいでしょう。関東以西では、軒下で越冬します。明るい窓際やLEDライトによる室内での生育にも向きます。

【水やり】 春と秋は、週1回を目安にたっぷり与えます。それ以外の季節はさっと与えます。

【お手入れ】 群生しやすいタイプは鉢がいっぱいになったら、子どもを切り離して育てることができます(P.31)。

初心者におすすめのハオルチア3種

質感や姿が異なる種類を並べても楽しいですよ。

オブツーサ

十二の巻(じゅうにのまき)ワイドバンド

京の華(きょうのはな)

オブツーサ
Haworthia cooperi 'Shizukuishi'

キラキラした透明な窓
透明な窓を持ち、光に透かすととても美しく、ハオルチア属の中でも人気があります。和名「雫石」。さまざまなバリエーションがあります。

ウンブラティコーラ
Haworthia umbraticola

三角に見える葉
三角の小さな葉で、ギュッとしまっています。小さなロゼットで群生しやすい種です。

玉露
Haworthia cooperi 'Gyokuro'

丸みのある葉
葉が大きめで、抹茶のような濃い緑色をしています。

京の華
Haworthia cymbiformis var. *angustata*

葉先に小さな窓
明るくすんだ緑色の葉がきれいで人気があります。斑入りもよく見かけます。

菊日傘
Haworthia cymbiformis var. *translucens*

かたく細長い葉
葉は細長く、黄緑色をしています。ハオルチア属の中でも少しやわらかい印象の葉の形です。

コンプトニアーナ
Haworthia emelyae var. *comptoniana*

二等辺三角形の窓
レツーサ系のハオルチアで、透明な窓にできる複雑な模様が美しいです。

グリーン玉扇
Haworthia truncata 'Lime Green'

さわやかなグリーンの扇形
明るいライムグリーンが目を引きます。玉扇と似ていますが、別の品種の交配種です。

玉扇
Haworthia truncata

葉先が断面状
刃物で切断したように平たい葉を、扇形に広げたような特徴的な形をしています。

宝草（たからぐさ）

Haworthia cuspidata

幅広い三角の葉

三角で幅広く肉厚な葉は、星型のロゼットになります。「スターウィンドウハオルチア」とも呼ばれます。

青雲の舞（せいうんのまい）

Haworthia cooperi var. *cooperi*

三角の葉に白い縦じま

長くとがった葉の先に、ギザギザに見える毛が目立ちます。

紫殿（しでん）

Haworthia cooperi var. *leightonii* 'Shiden'

光に反射すると紫に

オブツーサのバリエーションで、深緑のとがった葉は、光に反射すると紫色に見えます。

ピクタ

Haworthia picta

窓に白いスポット

さまざまなバリエーションがあります。窓に入る模様がチャームポイントです。

ツルギダ

Haworthia turgida

ツンとそり返る葉先

ツルギダはハオルチアのポピュラーな原種の総称で、いろいろなバリエーションがあります。

マジョール

Haworthia emelyae var. *major*

粉砂糖のような微毛

横に折れた三角形の窓に白い粉砂糖をまぶしたような姿が美しく人気です。レアな品種です。

ベヌスタ

Haworthia cooperi var. *venusta*

窓の透明度が美しい

半透明の葉の先に、白銀色のふわふわした産毛があり輝いて見えます。

緑の珊瑚（みどりのさんご）
Haworthia pallida 'Midori no Sango'

葉の表面につぶつぶがある
かための葉に小さなザラメがついたような白い点々が入ります。緑色のサンゴを思わせます。

万象（ばんぞう）
Haworthia maughanii

水平カットしたような断面
象の足のような形の葉で、水平に切られた窓の模様が地図のようにも見えます。

雪の華（ゆきのはな）
Haworthia turgida var. *pallidifolia*

白い雪のような点模様
丸みのある小ぶりの淡い緑の葉の表面に白いドットがあり、氷砂糖のような見た目をしています。

ミラーボール
Haworthia 'Mirrorball'

コロンと丸く群生する
光沢ある美しい窓が細い格子で区切られ、むっちりした人気品種です。

十二の爪（じゅうにのつめ）
Haworthia fasciata 'Jyuni-no-tsume'

丸みを帯びた姿
十二の巻に比べ、葉先が内巻きで丸みを帯びます。手の指を丸めたようにも見え、上に向かって生長します。

十二の巻ワイドバンド（じゅうにのまきワイドバンド）
Haworthia fasciata 'Wide Band'

葉先が外に広がる
十二の巻のバリエーションのひとつで、白いしま模様のあるシャープな葉が外側に広がるように伸びます。

十二の巻（じゅうにのまき）
Haworthia fasciata 'Jyuni-no-maki'

かたい長葉に白いライン
指のように長くかたい葉に、砂糖菓子のような白いしま模様があります。

アロエ属

Aloe

世界に500種類以上あるといわれ、小型のものから10m以上の大木に育つタイプまで多くの種類があります。とがったシャープな葉先や突起がある動物の表皮のような質感の葉を持つものなど、形はもとより色もさまざまです。群生して増えるタイプや、地植え可能な種もあります。太い根は植え替えのときに触ると折れやすいので、扱いに気をつけましょう。

原産地	南アフリカ、マダガスカルなど
科　名	ツルボラン科
育てやすさ	★★★
越冬温度	0℃（種により異なります）
主な生育型	夏型

翡翠殿（ひすいでん）

育て方のポイント

【置き場所】　日当たりと風通しのよい屋外に置きます。種によっては雨ざらしでも大丈夫です。冬場は室内に移動しておくと安心です。

【水やり】　乾燥に強いタイプです。鉢の中まで乾いたら、たっぷり与えます。冬は控えめにしましょう。

【お手入れ】　大きく育つものは下葉を剪定し、群生タイプは増えたら株分けをします。

いろいろな葉のアロエ

アロエの葉は色や形や質感が観賞ポイントです。

千代田錦（ちよだにしき）

ドリアンフレーク

鬼切丸（おにきりまる）

アルギロスタキス

Aloe argyrostachys

横方向に葉を伸ばす

細く厚みのある長い葉が左右横方向に伸び、ツノがたくさん生えているように見えます。白花です。

アルビフローラ

Aloe albiflora

小さな白花を咲かせる

細い葉に白い斑点があり、名前は「白い花」を意味し、アロエにはめずらしい白花を咲かせます。細い葉がくねるように伸び、躍動感のある姿です。

スプラフォリアータ

Aloe suprafoliata

太い葉を横に伸ばす

アルギロスタキスと同様に横方向に展開しますが、葉が太く大きいのが特徴です。

クリスマスキャロル

Aloe 'Christmas Carol'

赤みを帯びた葉

赤みを帯びた暗い緑色の葉と赤いとげの縁取りが目を引きます。日当たりが悪いと発色が悪くなります。

鬼切丸

Aloe marlothii

分厚い葉に赤いとげ

アロエの中でもひと際存在感のある力強いいでたち。生長すると葉の大きさは30㎝ほどになります。

翡翠殿

Aloe juveuna

鮮やかな緑が美しい

翡翠のような美しい緑色が魅力ですが、上方向に伸びるので徒長しすぎないように育てましょう。

ドリアンフレーク

Aloe rauhii 'Dorian-flake'

白の斑入りの葉が紅葉

だるま型と呼ばれる太く幅が広い葉に白い斑が入ります。秋〜冬の日射しを浴びて、赤く紅葉します。

千代田錦

Aloe variegate

白い点線のような模様

日光が少なくても生育します。白斑が虎のように見えることから「タイガーアロエ」の別称も。

ガステリア属

Gasteria

ヘラのような平たい肉厚の葉を左右交互に広げた珍しい形をしています。胃袋の意味の属名は、花の形が小さな胃袋に似ているからだといわれています。斑入りのものや葉の濃淡などバリエーションを楽しみます。基本的に外で育てますが、屋内管理にも向いています。生長はゆっくりです。

原産地	南アフリカ
科　名	ツルボラン科
育てやすさ	★★☆
越冬温度	2℃
主な生育型	夏型

グロメラータ

育て方のポイント

【置き場所】　葉焼けしやすいので、風通しのよい半日陰に置きます。軒下などで容易に管理できます。

【水やり】　春から秋までたっぷりとあげます。夏は朝方の涼しい時間帯に水やりをします。

【お手入れ】　夏は遮光、冬は防寒します。生長速度はゆっくりですが、季節ごとに鉢を回して株が一方向にかたよらないようにしましょう。

初心者におすすめのガステリア3種

よく流通しており出合いやすい品種です。

臥牛（がぎゅう）

子宝錦（こだからにしき）

虎の巻（とらのまき）

臥牛錦（がぎゅうにしき）

Gasteria armstrongii f. variegata

重厚感のある斑（ふ）入（い）り

緑色にクリーム色の斑が美しい、臥牛の斑入り種です。

臥牛（がぎゅう）

Gasteria armstrongii

日本で交配が盛んな品種

肉厚の葉が3対6枚ほど扇状に互生します。牛が寝ている姿に由来する名称です。交配種が多いのも特徴です。

子宝錦（こだからにしき）

Gasteria gracilis var. minima f. variegata

子株が次々と生まれる

クリーム色の斑（ふ）が入った濃緑色の葉。子株がつきやすいことから古くから人気があります。

グロメラータ

Gasteria glomerata

舌のような葉がユニーク

ガステリアの中では小型の部類です。葉の形が舌のようにも見えてとても個性的。

スノーストーム

Gasteria carinata 'Snow Storm'

白い斑（ふ）入（い）りの葉がぷっくり

丸くふくらんだ白い斑入りの葉が特徴で、名前の由来にもなっています。葉は左右に展開します。

虎（とら）の巻（まき）

Gasteria gracilis

グラデーションが美しい

扇形に広がる葉は、斑（ふ）の入った緑色。紅葉すると美しいグラデーションを見せます。

アガベ属

Agave

葉が放射線状につき、先端や縁にとげのある種、すらっとした葉の種などいろいろな見た目をしています。乾燥した場所に自生しているので耐暑性があります。耐寒性のある種も多いので、関東地方以西では、地植えが可能なものもあります。街中でよく見かけます。

原産地	中南米
科　名	キジカクシ科
育てやすさ	★★☆
越冬温度	0℃ 種により異なる
主な生育型	夏型

王妃雷神白中斑（おうひらいじんしろなかふ）

育て方のポイント

【置き場所】　日当たりと風通しのよい軒下に置きます。地域により地植えができる種もあります。

【水やり】　乾燥に強いです。春から秋は、鉢の土がしっかり乾いてからたっぷり水やりします。冬は暖かい日に月に2回ほどさらっとあげます。

【お手入れ】　下葉が順次枯れてきますので、清潔なハサミやナイフで切り落としましょう。冬は霜よけをするとよいです。かたく鋭いとげを持つものが多くけがをしやすいので、扱うときは園芸用の手袋などを用いましょう。

初心者におすすめのアガベ3種

とげを含めて姿に特徴があり、入手しやすい品種です。

雷神（らいじん）

笹の雪（ささのゆき）

ホリダ

青の竜舌蘭

Agave americana

夏型

青い葉に鋭いとげ

かたく厚い葉で、形はアロエに似ています。葉に黄色の斑が入るものもあります。大きく育ちます。別名「アメリカーナ」。

エキスパンサ

Agave americana var. *expansa*

夏型

葉先の伸びやかさが魅力

葉先がすっと伸びた形状がスマートな印象。アガベ属は比較的耐寒性がありますが、霜には要注意です。

オバティフォリア

Agave ovatifolia

夏型

鋭い葉先

葉先は鋭くとがり、ロゼット状に葉を重ねるように広げながら育ちます。

王妃雷神白中斑

Agave ishmensis 'Ouhi-Raijin'

夏型

低い草丈で白い斑が入る

肉厚で短い葉をロゼット状につけます。葉の中央に白い斑が入る美しい姿です。

笹の雪
Agave victoriae-reginae

「女王」の名を持つアガベ

英王室のビクトリア女王の名を冠したアガベです。白の縁取りが美しい葉が球形に生長します。

キシロナカンサ
Agave xylonacantha

荒々しく鋭い鋸葉

ギリシャ語で「とげとげの木」を意味し、その名のとおり生長すると、草丈は150㎝以上になり木のように見えます。

キシロナカンサブルー
Agave xylonacantha 'Blue'

葉幅が広い鋸葉(のこぎりば)

鋸葉が深く鋭いとげのようになります。耐寒性があります。

シュリベイマグナ
Agave shrevei ssp. magna

青みのある葉に茶色のとげ

青みがかった灰色の葉が美しく、シュリベイの仲間では最も大きく4mの大株になることもあります。

シャークスキン
Agave 'Shark Skin'

とげが少ない鮫肌

とげは少なく、葉の縁が盛り上がります。大きくなると質感・形姿ともにシャープな美しさが際立ちます。

フィリフェラシジゲラ
Agave filifera ssp. schidigera

夏型

とげの代わりに白いひげ
鋸歯はなく、光沢のある滑らかな細長い葉に白いひげ（フィラメント）が特徴的です。和名は「乱れ雪」。

吹上
Agave stricta

夏型

放射状の細い葉
直線的な細葉が放射状に伸び、まるで水が吹き上がるような独特の形状です。褐色の葉の先端もチャームポイント。

マンガベブラッドスポット
Mangave Bloodspot

近い仲間　夏型

ナイフのような精悍さ
アガベとマンフレダの交配種です。剣状の葉に紫色の柄が入ることから名づけられました。整ったロゼッタ状です。

ホリダ
Agave ssp. horrida

夏型

光沢のある緑葉
とげは葉が生長すると褐色から白に変化し、整ったロゼッタ状になります。名称は「とげの多い」というラテン語に由来。

雷神
Agave potatorum

夏型

卵形の葉に鋸歯がたくさん
丸みを帯びた葉が不規則に密集しながら丸みを帯びた姿に生長します。学名の*potatorum*は、お酒の原料となったことから「飲酒」「醸造」の意味のラテン語。

ユーフォルビア属

Euphorbia

世界に2000種類ほどあるといわれますが、主に個性的なフォルムを持つものが多肉植物として育てられています。分布が広いので種により生長のしかたが違い、見た目、姿、色にバリエーションがあります。茎や葉の切り口や傷から出る白い液に触れると、かぶれることがあるので注意しましょう。屋内でも屋外でも育てられます。ユーフォルビアにはサボテン(P.152)に似た姿の種も多いですが、サボテン科には必ずある刺座(しざ)(P.153)がない点で見分けることができます。

原産地	アフリカ、マダガスカルなど
科　名	トウダイグサ科
育てやすさ	★★☆
越冬温度	5℃
主な生育型	春秋型、夏型、冬型

蘇鉄麒麟(そてつきりん)

育て方のポイント

【置き場所】　日当たりと風通しのよい軒下などに置きます。室内での生育にも向きます。寒さに弱い種は、冬場は室内に取り込みましょう。

【水やり】　各生育型に合わせて、生育期にしっかり水やりをします。休眠期は断水気味に管理します。

【お手入れ】　日差しが足りないと徒長して本来の姿が維持できなくなるので、しっかり日に当てましょう。

初心者におすすめのユーフォルビア3種

形が特徴的で入手しやすい種です。

峨眉山(がびさん)

オベサブロウ

オンコクラータ

峨眉山（がびさん）
Euphorbia 'Gabizan'

ごつごつした岩山のよう
小さなパイナップルのような姿で、群生すると岩山が連なるように見えます。

オベサブロウ
Euphorbia 'Obesa Blow'

夏型

丸い子株がポコポコ群生
サボテンのような見た目で、球体の群生がたくさんつく姿も魅力です。増えた子株を取り、増やせます。

セドロルム
Euphorbia cedrorum

ツルッと丸く長い茎
丸い茎をまっすぐ伸ばし、先端に少しだけ葉をつけます。ミルクブッシュ（→P.151）に似ていますが、よりコンパクト。

オンコクラータ
Euphorbia alluaudii ssp. *oncoclada*

ニョキニョキ伸びる
長く伸びた茎に、よく見ると小さな葉がついていてさわやかな姿です。サボテンとの寄せ植えもおすすめです。

ギラウミニアナ
Euphorbia guillauminiana

サバンナを連想させる姿

生長するにしたがって枝分かれしていき、低木状に育ちます。枝の褐色と、枝先の緑色との対比が美しく、大株になるほど見ごたえがあります。

夏型

白樺麒麟（しらかばきりん）
Euphorbia mamillaris f. variegata

春秋型

白樺のような木立ち姿

白樺の名のとおり、白くまっすぐ伸びる姿が美しいユーフォルビア。長いとげが少しあります。

笹蟹丸（ささがにまる）
Euphorbia pulvinata

夏型

とげがボディを囲む

稜（りょう）の入った葉は樽のような形をしており、角の部分にたくさんのとげが並びます。群生して増えます。

花麒麟（はなきりん）
Euphorbia milii

夏型

花が観賞用になる

花が美しく、昔から観賞用として愛されてきた園芸品種です。とげがあるので、植え替えなどのときに注意が必要です。

蘇鉄麒麟（そてつきりん）
Euphorbia 'Sotetsukirin'

夏型

小さな蘇鉄（そてつ）のよう

樹木の蘇鉄にも似ており、パイナップルを長くしたような姿です。幹の上部に葉をつけます。

姫麒麟（ひめきりん）
Euphorbia submamillaris

すらっと伸びる

キリンの首のように、すらっと伸びた姿をしています。小さな種で、とげがあります。

バリダ
Euphorbia meloformis spp. valida

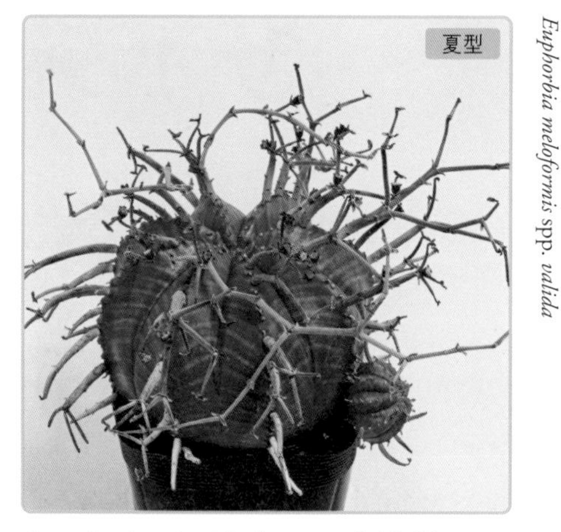

むっちりしたボディにしま模様

凹凸のあるボディにしま模様があり、子株をよくつけます。枯れた花茎をつけたままでも楽しめます。別名「万代（ばんだい）」。

マハラジャ
Euphorbia lactea f. cristata

扇のような姿がゴージャス

扇形でうねうねと波打ったユニークな形をしています。この部分はいろいろなカラーバリエーションがあります。

プセウドグロボーサ
Euphorbia pseudoglobosa

球状の枝をたくさんつける

玉のような小さな枝が積み重なるように育ちます。大小の枝がリズミカルに混じります。

ミルクブッシュ
Euphorbia tirucalli

林のような樹形

棒のような多肉質の緑色の細い枝をたくさん伸ばし、先に少しだけ葉をつけます。育つと1m以上になります。店舗のインテリアとしてもよく見かけます。別名「青珊瑚（あおさんご）」「緑珊瑚（みどりさんご）」。

サボテンの仲間

Cactaceae

いわゆるサボテンと呼ばれるものは、サボテン科に属するとげのある植物の総称です。見た目の形から、丸サボテン、柱サボテン、ウチワサボテンなどの名称で見かけることがあります。屋外でも、日当たりのよい室内でも育てることが可能です。小さなサボテンと多肉植物を一緒に寄せ植えするなど、育て方や楽しみ方は多様化してきています。色とりどりの花も魅力のひとつです。
(サボテン科はさまざまな属があります。ここでは属名のアルファベット順に並べ、その中で五十音順に紹介します。)

原産地	北米、中米
科　名	サボテン科
育てやすさ	★★★
越冬温度	5℃
主な生育型	春秋型、夏型

紫盛丸(しせいまる)

育て方のポイント

【置き場所】 日当たりのよい室内の窓辺や屋外の軒下に置きます。種類により耐寒温度が異なるので、置き場所に注意しましょう。霜に当てないように管理します。
【水やり】 乾燥にとても強く、土がしっかり乾いたらたっぷり水やりします。冬は月1～2回さらっとあげましょう。
【お手入れ】 とげでケガなどをしないように、手入れをするときは園芸用手袋など用い注意して扱いましょう。

初心者におすすめのサボテン3種

サボテンは、全体のフォルムやとげ、刺座(しざ)など観賞ポイントがたくさんあります。

バニーカクタス

白星(しらほし)

紫太陽(むらさきたいよう)

スーパー兜(かぶと)

Astrophytum asterias ‘Superkabuto’

ウニのような形と白い刺座(しざ)

白いいぼ状の刺座とたくさんの白点が並びます。兜丸の園芸品種です。

大疣兜(おおいぼかぶと)

Astrophytum asterias

刺座(しざ)の白点が大きい兜丸

子株を増やすために生長点がつぶれて、刺座の白点が大きくなっているのが特徴的です。

紫盛丸(しせいまる)

Acanthocalycium spiniflorum var. *violaceum*

細長いとげの玉形

丸いボディに縦に並ぶ刺座(しざ)から、5本の細長いとげが伸びます。

テヌイシマモンスト

Copiapoa tenuissima f. *monst*

子株が全体からわき出る

表面は黒く、株全体から白い子株がわき出るようにしてつくユニークな形が魅力です。

金獅子(きんじし)

Cereus variabilis f. *monstrosus*

うねるような帯状変異

柱サボテンの綴化種(てっかしゅ)。うねる姿が獅子のようにも見えます。

ヘキラン

Astrophytum myriostigma var. *nudum*

五角形に盛り上がった稜(りょう)

山のように盛り上がった稜(りょう)は上から見ると五角形に見え、とげが少なくすべすべの肌をしています。

サボテンの刺座

サボテンのとげのつけ根にある、ふわふわとした綿毛のような部分は刺座(しざ)と呼ばれます。短枝が退化変形したもので、すべてのサボテンにあります。

ペンタカンタス

Echinofossulocactus pentacanthus

波打つしわと鋭いとげ

縮れたように波打つしわと、名前のとおり、5本の太く鋭いとげがそり返るように伸びます。

紫太陽(むらさきたいよう)

Echinocereus rigidissimus var.*rubispinus*

赤紫色のとげが美しい

鮮やかな赤紫色をした縁刺(えんし)という円筒状のとげを持っています。遠くからでも目を引きます。

ハティオラ
Hatiora salicornioides

夏型

棒状の茎が連なる

とげのない棒状の茎で群生し大きく育ちます。寄せ植えにも使いやすい品種です。別名「猿恋葦」。

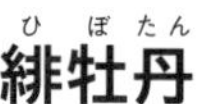

緋牡丹
Gymnocalycium mihanovichii f. *friedrichi*

夏型

接木して育てるサボテン

赤いサボテンで葉緑素を持たないため単独では生長できず、ほかのサボテンの先端に接ぎ木して育てます。

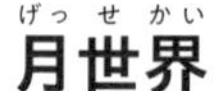

月世界
Epithelantha micromeris

夏型

白いとげにおおわれた球体

株全体がやわらかいとげにおおわれています。球形と円筒状があり、子株が親株の周りに群生します。

玉翁
Mammillaria hahniana

夏型

ふわふわの毛をまとう

上から見ると白い毛におおわれた刺座が並ぶ幾何学的な形。小動物のようなふわふわの毛です。

希望丸
Mammillaria albilanata

夏型

背伸びして傾いだ玉翁？

ふわふわした白いとげが美しく、縦に少し傾ぐように生長する姿は愛嬌があります。

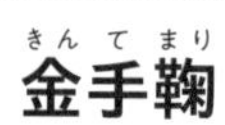

金手鞠
Mammillaria elongata

夏型

細い円筒の株が群生

細長い円筒形で、黄金色のそり返るようなとげにおおわれています。黄金色や赤茶色などがあります。

ピコ
Mammillaria spinosissima 'Pico'

夏型

円筒状のマミラリア

円筒状ですっきりとし、深緑色のボディと白色のとげのコントラストも美しい姿です。

白星
Mammillaria plumosa

白くふわふわのとげ

真っ白い羽毛のようなとげにおおわれ、Feather cactus（羽毛サボテン）の愛称でも親しまれています。とげはふわっとして触っても痛くありません。子株をたくさんつけ、株分けで増やせます。

夏型

金晃丸（きんこうまる）
Parodia leninghausii

やわらかい金色のとげ
ボディの緑と放射状に密集して広がる金色のやわらかいとげのコントラストが美しいサボテンです。

バニーカクタス
Opuntia microdasys

うさぎ耳のサボテン
うさぎ（バニー）の耳の形の茎を持つ小型のウチワサボテン。カラーバリエーションがあります（円内）。

竜神木綴化（りゅうじんぼくてっか）
Myrtillocactus geometrizans f. *cristata*

変異してうねる竜神木
水色を混ぜたような緑色に粉をまぶしたような色合いで印象的。綴化（てっか）によってうねるような姿です。

豪壮竜（ごうそうりゅう）
Pilosoereus gounellei

棍棒のような柱サボテン
茶色の長い刺はとても鋭く、刺座（しざ）は羊毛状になります。

金毛柱（きんもうちゅう）
Pilosocereus leucocephalus

細かいとげの柱サボテン
黄金色の細かいとげに全体がおおわれた小さな柱状のサボテンです。育てやすいのもポイント。

アズレウス
Pilosocereus azureus

細長い木立ち
柱サボテンで、青みがかったボディに黄色の鋭いとげが目立ちます。

サボテンの花

「とげとげしい」というイメージが強いサボテンですが、とても美しい花を咲かせます。すべての種類が花をつけ、品種によって形も色もさまざまです。

リプサリス
Rhipsalis Cereuscula

生長すると細く長く垂れる
細長く育ち、一見サボテンの仲間には見えません。室内で吊り下げて育ててもよいでしょう。

蕪城丸（ぶじょうまる）
Turbinicarpus karainzianus

子株が林立
親株の胴からいくつもの子株が棒状に屹立します。子株のとげは星状、親株のとげは網目状です。

コーデックスの仲間

Caudex

コーデックスとは、根や茎が水分をたくわえるために大きく肥大し塊状になった植物の総称です。ぽってりとしたフォルムが個性的で存在感があり、インテリアとして人気があるほか、塊根部の形をめでる愛好家も多いです。ゆっくり生長するので、部屋の中で楽しむことができます。自生地がさまざまなので、その環境をできるだけ再現することも元気に育てるポイントです。希少種もあり流通価格が高価なものも多いです。

原産地	マダガスカル、北米、南米、アフリカなど
科　名	多岐にわたる
育てやすさ	★★☆
越冬温度	5~15℃
主な生育型	春秋型、夏型、冬型

亀甲竜(きっこうりゅう)

カクチペス

Pachypodium rosulatum var. *cactipes*

赤膚の塊根が横に広がる

丸みのあるボディに、とげのある短めの茎がつきます。

アラビカム

Adenium arabicum

ツヤのある楕円形の葉

塊根の形が壺のような形になり、表面がつるりとしています。いろいろな花色があります。

アンボンゲンセ

Pachypodium ambongense

紡錘型のボディ

幹の表面は、鉛～灰褐色です。株には鋭く大きなとげがあります。

亀甲竜
Dioscorea elephantipes

ひび割れる塊根

丸い塊根部が亀の甲羅のようにひび割れて、ごつごつしています。冬に生長し、茎はつる性です。

火星人
Fockea edulis

ごつごつした木肌

塊根の表面がごつごつしています。関東地方以西では屋外栽培が可能ですが霜に注意。別名「エデュリス」。

ビスピノーサム
Pachypodium bispinosum

ボトルのようなボディ

サキュレンタムに似ていますが、全体に小ぶりです。花は釣鐘形をしています。

サキュレンタム
Pachypodium succulentum

肥大し、どっしりした塊根

紡錘形の塊根で、上から長い茎を分枝させながら伸ばします。

メリディオナリス
Senna meridionalis

古木のようなたたずまい

でこぼこと隆起した幹とやさしげな葉を持つ希少種。名前は「正午の」という意味です。

プロテクタ
Othonna protecta

木のような見ため

株もとに塊根を持ち、趣のある姿です。やわらかい松葉のような葉をつけます。

まだまだある人気の多肉植物

多肉植物は、葉や茎などが肥大した多肉質の植物の総称で、世界中にたくさんあります。ここでは、本書の分類に入らなかったものを紹介します。

桜吹雪

Anacampseros rufescens 'Sakurafubuki'

春秋型

秋に濃くなるピンク色

厚みのある緑色の葉に、ピンク色の斑が入ります。つぶつぶした幼苗が密集した小さな鉢（円内）も人気です。

グランマルニエ

Dyckia 'Grand Marnier'

シルバーグレーの葉の色

シルバーグレーの葉にのこぎりの歯のようなギザギザした白いとげを持ちます。

茶傘

Anacampseros crinita

玉のような緑の葉

小さくぷっくり丸い球状の葉が、積み重なるように生長します。先端に毛が生えています。

阿修羅

Huernia pillansii

先細りの茎に突起が密集

茎の先端は赤褐色で、やわらかい突起がびっしり生えています。群生し、星形の花をつけます。

カラスミセバヤ

Hylotelephium 'Bertram Anderson'

楕円形の葉は黒紫色になる

ミセバヤにはいろいろな種類があり、本種は黒紫色の葉になり、ミセバヤ特有の線香花火のような花を咲かせます。

彪紋（ひょうもん）

Ledebouria Socialis 'Violacea'

葉にヒョウのような模様

球根植物のような見た目と増え方をします。葉にヒョウのようなまだら模様があります。

フェルニアペンデュラ

Huernia pendula

突起を持ち、柱のような姿

突起のあるかたい茎で、四方に自由に育っていきます。真っ赤な花が咲きます。

雅楽の舞（がくのまい）

Portulacaria afra var. variegata

丸葉に白斑（はくはん）

丸い白斑の葉をつけた枝が長く伸びます。斑（ふ）の部分がピンク色になることもあります。

子持ち蓮華（こもちれんげ）

Orostachys boehmeri

ランナーの先に株をつける

葉はシルバーグレーで、ランナーを伸ばした先に多くの子株をつけ、どんどん増えていきます。

犀角（さいかく）

Stapelia hirsuta

ヒトデのような花

見た目がサボテンに似ています。薄緑色の茎は四角柱で上に向かって伸びます。

アンゴレンシス

Pterocarpus angolensis

ずんぐりした幹

犀角に似ていますが、ずんぐりむっくりな茎をしていて、茎の数は少なめです。

アロマティカス

Plectranthus amboinicus

甘いミントの香り

葉に触れると甘いミントの香りがします。ビロードのような葉質で人気があります。寒さには弱いです。

コレクターが気づいた多肉植物の棚管理

同じ形の棚を並べることで、
見やすさと同時に日常管理が
しやすくなりました！

南向きの1階ベランダに並んだエケベリア棚。通り抜ける風が均等に棚に当たります。遮光率25％のアクリル板を取りつけたパーゴラで上部はおおわれています。

◇神奈川県在住 Sさん　多肉植物コレクター

鉢が落下しないようにトレイに入れ、下段まで日光があたるように管理。ときどき上下の鉢を入れ替えています。特に大切なエケベリアは上段の特等席に配置。室内からも観賞できる位置です。

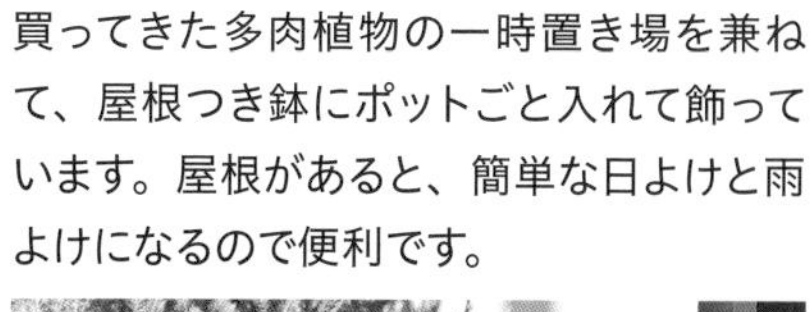

買ってきた多肉植物の一時置き場を兼ねて、屋根つき鉢にポットごと入れて飾っています。屋根があると、簡単な日よけと雨よけになるので便利です。

気候がよい春や秋も
日射しはけっこう強いので、
葉の様子や土の乾き具合の
確認は大切です。

上／門扉にかけた寄せ植え。枯れるなどしてすき間ができたときは、寄せ足しをしてリフレッシュ。
右／多肉植物の寄せ植えも趣味のひとつ。家屋の西側、玄関に向かうアプローチ。歩きながら自然に目に入る高さにハンギングの寄せ植え。

スタンドつきの大きな寄せ植え。エネルギーを傾け、時間をかけてつくった大切な一品。

入手した多肉植物はカードで管理。購入日や価格、管理記録などを記しています。忙しい仕事のオンオフの切り替えにもなるので、欠かせません。

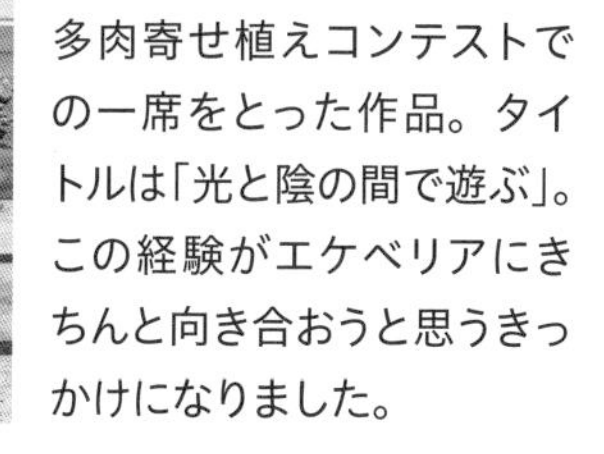

多肉寄せ植えコンテストでの一席をとった作品。タイトルは「光と陰の間で遊ぶ」。この経験がエケベリアにきちんと向き合おうと思うきっかけになりました。

多肉植物の生育を考えての棚づくり

多肉植物が元気に
育つことを意識しながら、
鉢や棚と多肉植物との
コーディネートを
楽しんでいます。

引っ越しを機に、それまで育ててきた多肉植物をイメージどおりに飾りたい！
あれこれ想像していた棚を少しずつDIYしています。リビングからも楽しめるように、置き方も工夫しています。

◇東京都在住・ゆー（大和田裕子）さん
リメ缶・リメ鉢作家

植物に合わせて鉢や棚を
考えるのがふつうですが、
逆の発想も面白いのではと
考えてつくった棚です。

最初に棚のコンセプトとデザインをざっくり決めて、雑貨や鉢を配置。東向きの棚で少し日照時間が短いという条件に合った多肉植物を選んでいます。

半日陰で育成中の葉挿し。名札もしっかり立ててあります。生長の度合いによって水やりの頻度、遮光・防寒に気を遣っています。

キッチンの横にしつらえた仕事場。動線の無駄もなく合理的に動けます。

雨樋型のブリキ鉢を釘で打ちつけて、中米の砂漠をイメージした箱庭に仕上げています。

お手製のリメ鉢に「ナルニア国物語」の世界をイメージした寄せ植え。

仕事場の出窓や軒下を活かして雨よけにした空間。壁にもはしごを立てかけるなど、立体的にアイテムを飾っています。オリジナルのリメ缶やリメ鉢もたくさん。

庭に一歩入ると、かわいい鉢が並ぶピンク色のコーナーがまず目に飛び込んできます。雨対策用の大きな屋根がついています。

多肉植物があふれるベランダ。充実の小さな空間づくり

限られた空間だからこそ、
目が隅々まで届き
管理がしやすいという
利点もあります！

海岸に近い2階のベランダは南西向き。屋根はなく、風雨にさらされ、海岸からはたくさんの砂が塩風で運ばれてきます。けれど、ハードな環境ながら、多肉植物たちはとても活き活きしています。豊かな日射しと風に恵まれた環境が、多肉植物によい影響を与えているようです。

◇神奈川県在住 aiko（細谷愛子）さん　リメ鉢作家

次々に新しいデザインが楽しみなaikoさんのリメ鉢。

風がよく吹くので、
生産者さんがハウス内で
常に扇風機を回している
状態に似ています。

アガボイデスなど、
有名な原種を親に持つ品種は
大きくなりやすいように
思います。

大きく育ったエケベリア。一般的な市販鉢と比べるとその差は一目瞭然。aikoさんは、多肉植物を大きく育てるのもお上手で、あちこちに大きく育ったエケベリアが並んでいます。大きくしたいときは、花と野菜の培養土を多めに使うそうです。

上／真冬に外置きのアエオニウム。大きく葉を広げて健康に育っています。
右／エケベリアもきれいに色づいています。

小さな棚を活用して段差を設け、狭いスペースを有効活用。

ベランダ・アイデア

ベランダでも、鉢を地置きすると気温が高い季節に照り返しの熱で多肉植物を傷める恐れがあります。脚立の足場に板を渡して鉢を置けば、風通しがよくなり熱から守れます。

ベランダの手すり（落ちないように要注意！）や物干し竿を活用すれば、日射しと風を確保できます。

多肉植物の楽しみを支える現場から

ふだん私たちが目にする多肉植物は、生産者から流通ルートを通して店頭に並びます。そんな栽培や流通の現場で活躍されている方々にお話を伺いました。

「自由な発想で遊んでほしい」

◇匠園芸さん

美しい多肉植物を世に送り続ける中で、本書の植物監修もしていただいた匠園芸さんに、多肉植物への想いを伝えていただきました。

多肉植物との出会いから生産者へ

多肉植物との出会いは10年前です。もともと植物にはあまり興味がなかったのですが、たまたま立ち寄った園芸店で人生で初めて多肉植物を見て衝撃を受けました。こんなユニークな形の植物が存在するのか、造花じゃないのかと。その後、買った本で葉挿しのことを知り、形だけでなく増え方まで独特なのかとますますのめり込みました。最初に手に取ったのは星美人だったと思います。

こんなに面白いものはないと、出会って半年もたたずに小さなハウスを建て、すぐに生産活動を開始しました。

当初は通信販売をする予定だったのですが、生長の早い虹の玉などがすぐに溢れてしまい、その販売方法として現在の卸売り業を選択することとなりました。

年間の生産数は10万株におよぶ

みなさんにお伝えしたいこと

長年多肉植物栽培に携わらせていただいていますが、未だにアッと驚くような出来事がよくあります。目を見張るような新しい品種が出てきたり、予想外の新しいアレンジメントの仕方など。結婚式のブーケに使っていただいたときは自分が育てている植物がこんなにも美しくなるのかと驚きました。

多肉植物を手に取られる方にお伝えしたいことは、「とにかく好きに遊んでほしい」ということです。枯らしてしまうことだってあります。でもそれを怖がりすぎないでください。多肉植物は耐久性の高さ、品種数の多さから、とにかく奥深く常に新しい発見のある植物であり素材でもあります。

本書を含め多数のガイドが存在しますが、ガイドはあくまでガイド。心赴くままに多肉植物を使って、思いっきり楽しんでほしいです。

今後への期待

多肉植物の世界はまだまだ未開拓で日進月歩です。現在の交配ブームを経て強健で美しい品種が生き残り、より魅力的で気軽に楽しめる園芸ジャンルになると思います。すべてのご家庭の庭に多肉植物が植えられている未来も、そう遠くないかもしれません。

「自分らしい楽しみ方を大切に」

◇コーナン商事株式会社・中村洋之さん

ホームセンターで、植物の仕入れを担当して消費者と生産者を結ぶバイヤーの中村洋之さんにお話を伺いました。

「多肉植物から学ぶ姿勢」の大切さ

まず、多肉植物は種類も色も多いので迷われるかもしれませんが、ご自分の好きな形や色のものを選んでください。多肉植物は育てやすいですし、育て方も本やネット等で簡単に調べられます。ただし大切なのは「植物から学ぶ姿勢」です。どんな植物を育てる場合もそうですが、育てる環境に合わせてうまくいったこと、いかなかったことなどの経験を繰り返すなかで、ネットや文字情報では得られない楽しさを感じて、自分なりの育て方が身につくものです。

豊富な種類が揃う園芸コーナー

ライフスタイルに合わせた育て方を

多肉植物の楽しみ方も変わってきました。以前は、合わせる鉢は多肉の邪魔にならない地味なものが好まれましたが、最近ではかわいらしい柄入りや原色系のものも増えています。自分の好みやベランダ、庭の環境などに合わせて楽しんでいただいてよいと思います。実際にお店やイベントなどでいろいろなコーディネートを参考にされてもよいでしょう。素敵な作家さんのリメイク鉢に出会えるかもしれません(もちろん自分でリメイクする楽しみ方も)。

私たちの挑戦

そんな楽しみ方の変化に合わせて、私たちも多様な育て方を提案したいと思っています。多肉植物は屋外で育てるという常識にとらわれず、植物育成ライト等のテストを繰り返しながら屋内でも育てられる品種を提供することなどです。屋外、屋内それぞれの環境に適した育て方や品種が提案できれば、多肉植物の世界ももっと広がるでしょう。

植物と接するなかで生まれる気持ちのゆとりは、生活に潤いをもたらします。この本をご覧になった方が、ご自分のセンスを活かしてライフスタイルに多肉植物を取り入れていただけますように。

植物育成ライトを使った店内ディスプレイ

寄せ植えに便利な多肉植物一覧

入手しやすい多肉植物をセレクトしました。どんな多肉植物を選んだらよいか迷ったときに活用してください。

●つぶつぶの葉

寄せ植えの準主役。単品植えにも向きます。

オーロラ（→ P.99）

乙女心（→ P.99）

恋心（→ P.100）

虹の玉（→ P.102）

ビアホップ（→ P.103）

レッドベリー（→ P.106）

●赤い葉のタイプ

華やかな寄せ植えにするのに向きます。

赤鬼城（→ P.111）

火祭り（→ P.111）

紅稚児（→ P.112）

紅葉祭り（→ P.111）

●バラのようなロゼット

寄せ植えの主役に向きます。

黄麗（→ P.99）

朧月（→ P.97）

群月花（→ P.94）

霜の朝（→ P.93）

花うらら（→ P.85）

ブロンズ姫（→ P.107）

マッコス（→ P.95）

レティジア（→ P.95）

●垂れ下がるタイプ　寄せ植えに動きを出します。

エンジェルティアーズ（→P.131）

グリーンネックレス（→P.131）

ドルフィンネックレス（→P.131）

ルビーネックレス（→P.131）

●ふわふわタイプの葉

寄せ植えの脇役に。単品植えにも向きます。

アクレアウレウム（→P.99）

ゴールデンカーペット（→P.100）

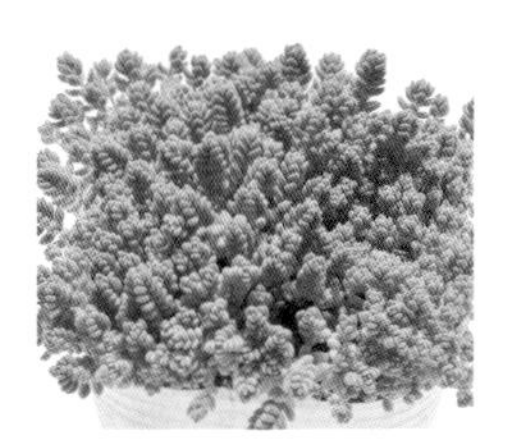
ダシフィルム（→P.102）

ドラゴンズブラッド（→P.106）

トリカラー（→P.106）

パープルヘイズ（→P.102）

パリダム（→P.103）

リトルミッシー（→P.112）

●立ち木性のタイプ

木立ち風に見せるときや、背の高い寄せ植えに。

黒法師（くろほうし）（→P.121）

ゴーラム（→P.109）

テトラゴナ（→P.111）

パンクチュラータ（→P.111）

星の王子（ほしのおうじ）（→P.113）

ミニベル（→P.87）

八千代（やちよ）（→P.105）

若緑（わかみどり）（→P.110）

多肉植物用語解説

多肉植物を楽しむときに知っておくと便利な用語をまとめました。本文の解説（参照ページ）も併せてご活用ください。

あ

【植え替え（うえかえ）】
植物を現在植えてあるところから、別の鉢や土などに移すこと。多肉植物では、株の下葉や根を整理して新しい土を使って植え替えるのが基本。生育型により時期はいろいろ。生育期の少し前に行うとよい。 →P.26

【親株（おやかぶ）】
挿し木や株分けなどをするときに、元となる株のこと。⇔子株 →P.33

か

【塊根（かいこん）】
根が養分をたくわえ、大きく肥大したもの。

【塊根植物（かいこんしょくぶつ）】 →コーデックス

【株（かぶ）】
植物の何本にも分かれた根元。1つの植物体のこと。

【株分け（かぶわけ）】
元の株から新しい株が生長し群生したときや子株をたくさんつけたときに、分割してそれぞれを別々に植えつけること。 →P.32

【花弁（かべん）】
花びらのこと。

【緩効性肥料（かんこうせいひりょう）】
肥料分がゆっくり長い間持続して効果があるもの。 →P.25

【灌水（かんすい）】
植物に水やりをすること。

【寒冷紗（かんれいしゃ）】
防寒、防虫、遮光に用いられる粗い平織の薄い布。多肉植物の管理では冬の防寒対策としてよく用いられる。

【気根（きこん）】
土から露出した根のこと。生長した多肉の茎から糸のように根が出ている。

【休眠期（きゅうみんき）】
多肉植物が生長を止める期間のこと。 →P.10

【鋸歯（きょし）】
葉の周りにあるギザギザとした切れ込み。植物の種類あるいは生育段階によって、有無や形状が異なる。

【切り戻し（きりもどし）】
伸びた多肉植物の葉や枝を切り、形を整えること。切った品種によって挿し木が可能。元の株は、新しい葉や茎を伸ばし生長する。

【グランドカバー】
地表をおおうために植える植物のこと。多肉植物のセダムをグランドカバーに活用すると大きく美しく広がり、ある程度雑草よけの効果もある。

【群生（ぐんせい）】
1つの株から多くの子株が増え、1か所に群がって生育すること。

【原種（げんしゅ）】
原産地で見られる野生種。品種改良などをされていないもの。

【交配（こうはい）】
種と種を掛け合わせること。エケベリアを中心に、いろいろな種の交配も増えてきている。

【コーデックス】
マダガスカルや北米、南米、アフリカなどに生息する、塊根（かいこん）を持つ多肉植物の総称。「塊根植物」とも呼ぶ。 →P.156

【子株（こかぶ）】
植物の親株から分かれてできた新しい株のこと。⇔親株 →P.32

【木立ち性（こだちせい）】
茎が太くなり、木のように茎を上に向かって伸ばし立ち上がる性質のこと。「きだちせい」とも呼ぶ。

【子吹き】
親株から、子株が芽吹き生まれること。

【挿し木】
親株から切り取った茎を、根のない状態で土に挿し発根させて増やす方法。
→P.30

【地植え】
鉢などでなく、庭や花壇、畑といった地面に直接植えること。多肉植物も種類によって、地域により地植えできるものがある。

【刺座】
サボテン科の植物で見られる、とげの生え際にある白い綿毛のような部分。「アレオーレ」とも呼ばれる。
→P.153

【自生地】
植物が自然環境下で繁殖を続けている場所。自生地の環境を知ることで植物を育てるヒントを得られることもある。

【仕立て直し】
多肉植物を育てる場合は、生長などで姿が乱れてしまったときに切り戻して最初のようにきれいな見た目、あるいはきれいに育てられる状態にすること。
→P.36

【下葉】
茎の下部についている葉。

【遮光】
植物を強すぎる太陽光や暑さから守るため直射日光を遮ること。多肉植物の管理では、夏季を中心に遮光率20～50%のネットを用いることが多い。
→P.19

【生育型】
多肉植物の自生地の環境を日本の四季に合わせて上手に育てるための分類。生長時期をそれぞれの季節に当てはめ、春秋型、夏型、冬型に分けている。
→P.10

【生長点】
植物の根や茎などの先にある、新しく細胞をつくる部分。

【耐陰性】
植物が日照不足に耐えて生育する能力のこと。

【耐寒性】
0度以下の低温に耐えることができる性質のこと。

【対生】
葉が茎の1つの節に向かい合って2枚出る生え方。

【多肉植物】
葉や茎または根などに養分や水を貯蔵している植物の総称。

【断水】
植物が休眠時期になったときに、完全に数か月水やりをしないこと（完全断水）。多肉植物では休眠期に完全断水をすると枯れてしまうこともあるので、品種により月に2回程度さっと水やりをするとよい。

【地下茎】
地下にある茎のこと。ハオルチア属などでは、地下茎から子株を出す。

【追肥】
必要に応じて、生育中の植物に与える追加の肥料。
→P.25

【綴化】
植物の生長点で、何らかの突然変異が起きて生長点が線状に変化し、茎が幅広く帯状に生長して変形が見られること。「せっか」とも呼ぶ。

【徒長】
植物の茎や枝が日光不足などにより、間延びして生長し、本来の姿ではない形になってしまうこと。
→P.36

【根腐れ】
植物の根の部分が腐った状態をいう。一気に腐るわけではなく、根の先から徐々に腐っていく。原因のひとつに水のやりすぎがある。
→P.39

【根詰まり】
鉢の中が生長した根でいっぱいになった状態。根詰まりを起こすと、本来根が果たすべき役目ができず、株が弱るなど生長に影響が出る。植え替えで改善する。

【根鉢】
鉢植えの植物を抜いたときに、植物の根と土がくっついてひとかたまりになった部分のこと。

は

【培養土（ばいようど）】
それぞれの植物の栽培、生育に適した数種類の用土が配合されたもの。→P.25

【葉挿し（はざし）】
多肉植物の葉をはずして土の上に置くか、葉の茎についていた生長点の部分を土に挿すこと。葉や根が出て新しい多肉植物に生長する。→P.29

【発根（はっこん）】
根が出ること。根を出すこと。

【花がら（はながら）】
花が咲き終わったあとに残っている花びらなどのこと。

【葉水（はみず）】
葉が濡れる程度にさらっと水を軽くかけること。汚れを落とすほか、気温が高いときに多肉植物本体の温度を下げるのにも有効。

【葉焼け（はやけ）】
強い直射日光を浴びたことにより起こる高温障害などのこと。葉が茶色や黒に近い茶色、白っぽくなる。購入直後の環境に慣れていない多肉植物は、1週間程度半日陰に置き、徐々に新しい環境の日光に慣らしていくとよい。→P.39

【半日陰（はんひかげ）】
屋外で、日差しは明るく直射日光があたらない場所。または、明るい日陰。遮光ネットを利用してもこの状態に近づけられる。

【斑入り（ふいり）】
通常緑色をしている植物に、白色や黄色に見える線やまだら模様があること。

【ブルーム】
多肉植物で、葉の表面をおおう白い粉状のもの。果糖と呼ばれる蝋（ろう）物質の結晶。「白い粉」と呼ぶことも多い。

ま

【窓（まど）】
ハオルチア属やメセンの仲間などの葉にある透明部位。ここから光を取り込み、光合成をする。

【実生（みしょう）】
種から芽が出て生長すること。種から育てた場合、流通時に種名を記した札に「実生」と書かれていることもある。

【元肥（もとごえ）】
植物を植えるときに事前に与える肥料のこと。→P.25

【寄せ植え（よせうえ）】
1つの鉢、あるいは地植えのときに株元を近づけて複数の植物を植えること。いくつかの種類が1か所で楽しめ、個性的な姿を楽しめる。→P.42

【ランナー】
親株から地上付近を這って伸びる茎のこと。先に子株をつくる。この子株は親株から切り離しても生長がある。→P.33

【稜（りょう）】
茎などの角張った部分。サボテン科などでよく見られる。

【ロゼット】
多肉植物では、葉が重なって放射線状に広がり、バラの花のような姿になっている状態を表現する言葉。→P.78

わ

【脇芽（わきめ）】
茎の葉のつけ根から出る芽のこと。

多肉植物索引

「第3章」で紹介している多肉植物の索引です。
太字は、見出しで紹介している属や分類です。

[著者] 樋口美和（ひぐち・みわ）

多肉植物寄せ植え作家miiwa。長年、多肉植物に親しみ、その魅力を広める活動をしている。miiwa succulentとして、年数回百貨店で多肉植物の寄せ植えを中心に出店を行っており、多くのファンが訪れている。神奈川県横浜市都筑区にあるアトリエで、通年多肉寄せ植えワークショップも行っている。日本ハンギングバスケット協会マスター。
Instagram : h.miwa.m

[植物監修] 匠園芸（たくみえんげい）

奈良県で多肉植物の生産、卸売りを営む。多肉植物への造詣が深く、育成に関するアイディアや工夫が豊富。その美しい仕上がりから、多くの園芸店、多肉植物ファンから多大な支持を受けている。

[スタッフ]

撮影	寺田喜美子（ゲイザー）
デザイン	山本めぐみ（el oso logos）
イラスト	ハルペイ
制作協力	松井孝夫（スタジオプラテーロ）、本薗直美（ゲイザー）
編集協力	関英子、山田隆彦
校正	星野マミ
撮影協力	コーナン商事株式会社、グリーンデイズ
器・鉢協力	aiko（細谷愛子）、Beach Lumberdesign（鈴村徹）、blanca、gengenwoodworks（斎藤まり子）、K（@kei0810a）（鈴木けい）、はづき屋（首藤智子）、水崎園芸、@pimirin（田代美樹）、R.Green Rie（水越理恵）、泰木窯（出月泰子*勝彦）、tsuki（山本由美）、ゆー（大和田裕子）
編集	松井美奈子、江森一夫（編集工房アモルフォ）

[参考文献]

『多肉植物ハンディ図鑑』（主婦の友社）
『多肉植物図鑑』（日本文芸社）
『はじめての多肉植物 育て方&楽しみ方』（ナツメ社）
『はじめてでもうまくいく! わかりやすい多肉植物の育て方』（永岡書店）
『プロが教える! 多肉植物の育て方・楽しみ方』（西東社）
『WILD ECHEVERIA』（シュミノリブロ）
『自然散策が楽しくなる! 草花・雑草図鑑』（池田書店）
『寄せ植え実例もたくさん! よくわかる多肉植物の育て方』（池田書店）

https://www.crassulaceae.ch/de/home

多肉植物を楽しむ
よくわかる選び方・育て方

著　　者　樋口美和
植物監修　匠園芸
発 行 者　池田士文
印 刷 所　大日本印刷株式会社
製 本 所　大日本印刷株式会社
発 行 所　株式会社池田書店
〒162-0851
東京都新宿区弁天町 43 番地
電話 03-3267-6821（代）
FAX 03-3235-6672

落丁・乱丁はお取り替えいたします。

ISBN 978-4-262-13636-3

[本書内容に関するお問い合わせ]
書名、該当ページを明記の上、郵送、FAX、または当社ホームページお問い合わせフォームからお送りください。なお回答にはお時間がかかる場合がございます。電話によるお問い合わせはお受けしておりません。また本書内容以外のご質問などにもお答えできませんので、あらかじめご了承ください。本書のご感想についても、当社HPフォームよりお寄せください。
[お問い合わせ・ご感想フォーム]
当社ホームページから
https://www.ikedashoten.co.jp/

23007507